貓咪超有事 ③

貓貓美食救援計畫

志銘與狸貓 ◎圖文

目錄

NO.3 悲傷的故事

NO.4 貓貓美食救援計畫

登場角色介紹

招弟

身為後宮的第二位成員，又是阿瑪的元祖女友，地位自然是一貓之下，七貓之上，不過難免有些貓咪不認同她輕而易舉得來的地位，總在暗地裡有暗潮洶湧的抱怨。不過自從學會貓語之後，她更懂得表達心裡所想的，也開始維護自己的權益，前陣子雖飽受搜可史的尖叫攻勢考驗，不過靠著冷靜突襲的策略，最終還是成功守住自己的地盤，堪稱「最安靜的女王」也不為過。

黃阿瑪

生來有霸氣不凡的貓格特質，也是後宮眾貓與奴才公認的領袖。雖然平時看起來威嚴正經，對奴才總是欲擒故縱，不願意隨意示好，但其實私底下偶爾也有溫柔暖心的一面。除此之外，體型壯碩的阿瑪，更有些不為人知的休閒嗜好，像是被擦屁屁、騎柚子……這些可都是不允許被記錄下來的真實軼事（不過奴才還是冒死記下了）！

搜可史（Socles）

身為後宮唯一黑貓，一直認為自身毛色與眾不同，甚至沒有自信，總覺得別貓歧視自己，因而產生敵意，近數年內陸續發起了「抗瑪戰爭」、「抵嚕運動」、「避柚改革」，直到最近的「伐招事件」落幕後，才開始意識到短短貓生，實在花太多心力在這些無意義的爭吵了。於是在奴才安排之下，開啟了獨居生活，與大夥的距離拉開後，才發現其實大家沒那麼可怕，可怕的一直是自己的心魔，而這也是她未來要持續面對的挑戰。

三腳

天生麗質的大眼美女，在口炎奇蹟性的痊癒之後，顯得更傾城動人，即便有了年紀，仍然充滿魅力。生病後的三腳變得無欲無求，對貓世間的百態也已淡然看待，從前那位潑辣凶狠的美魔女，已經轉變成溫柔的知性美貓，不只能夠冷靜面對一切，還時常提出有用的建議，在整頓後宮秩序與穩定士氣的方面，有十足的幫助。

柚子

雖然是後宮唯一沒有流浪過的貓咪，總是樂天無憂，隨心所欲，但經過幾年間的成長，也對於世事多少有些了解，從前對於地盤多寡沒那麼在乎，隨著年紀漸長，體內的賀爾蒙開始有了奇妙的變化，對於後宮的排名地位日漸在意，面對自己存在的位置，也開始尋求認同的價值。

嚕嚕

身為橘貓界代表的勇士，在後宮數年間飽受眾貓的無情欺凌，好在現在與始作俑者阿瑪已達成了協議，阿瑪允許嚕嚕擁有自己的一塊領地，而嚕嚕也不再是永遠要看別貓臉色的手下敗將，並承諾與阿瑪和平共處，締造和平的盛世。面對後宮地位的流轉，嚕嚕也變得不再在乎，只要能一直待在人類身邊，只要能平安度日，那便是他貓生唯一追求的信仰。

小花

是一隻三花貓，同時是後宮最年輕的新成員，也是目前僅存的逗貓棒使用者。非常有自己的想法，善於開口表達意見或主張自己的權益，不太願意為了別人，委屈自己配合任何事，除了柚子之外。柚子對她而言，像是個安定的力量，只要有柚子在的地方，小花就顯得安然自在；反之，只要一見不到柚子，小花就會心急如焚到處尋找。

浣腸

因為擁有鬥雞眼搭配下垂的眼型，看起總是來楚楚可憐，也總能獲得更多的關愛，但因為眼睛的缺陷也讓他有更多的膽怯，與對這個世界的不信任。與嚕嚕相同的是，浣腸也得到了一塊屬於自己的領地，但對於這個分封，他始終覺得不甘心，他明白因為過去對阿瑪嚕嚕的抗爭，才淪落至此，分封只是個美名，實為被軟禁的懲罰，為了重回戰場，每日勤奮健身拉單槓，只為重返自由，奪回勝利的滋味。

FUMEANCATS
BAKERY
SINCE 2022
狸貓
志銘

灰胖

志銘於大學時期養的第一隻寵物，是一隻灰色迷你兔，平時溫馴乖巧，但脾氣不是太好，擅長以蹬後腳來表達不滿。令人意外的是，瘦小的灰胖面對壯碩的阿瑪時，仍然不卑不亢，表現出先來後到應有的地位關係，灰胖同時也是阿瑪進入人類家庭生活後的第一位非人類室友，與灰胖相處的點點滴滴，也為後來阿瑪領導後宮打下了穩固的基礎。本集灰胖雖未登場，但於貓咪超有事2中有十分精采的表現喔！

奴才

分別是志銘與狸貓，是後宮裡最低等的兩名生物，沒有尊嚴，沒有怨言，一切都以貓咪福祉作為考量，為貓咪努力工作，為貓咪犧牲奉獻，一切都只為了貓咪統一世界為最終目標。

和平的後宮

1

PART

冬天的貓咪

這真的是養貓人的甜蜜負擔呢！

小跟班

阿瑪除了很愛擦屁股之外，常常很愛做一件窩心的小事。
啊
每當狸貓去廁所的時候……
開門！
開門！
在門口……
他怎麼知道我在這間廁所……
阿瑪都會很準確的找到狸貓在哪裡。
衝
你……想幹嘛？
……
是不是又要擦屁股啊？

躺下。
欸？竟然躺下了！無欲無求？
哪尼
此時的阿瑪沒有要求擦屁股，只是默默躺在狸貓身旁。
嗯……阿瑪也是有安靜的時候……

狸貓在廁所玩手機，玩了一陣子才出來。
嗚……腳麻了。
而阿瑪也靜靜的陪伴在旁。
睡著。
Z
Z
這種時候就會覺得有養貓真好，有一種默默被陪伴著、被需要的感覺。
欸阿瑪，出來吧，我要去睡覺了！
真的是走到哪跟到哪……
（被阿瑪壓好爽。）
快睡！
不要吵
一直跟著狸貓的阿瑪最可愛了，就算每天要擦一百次屁屁也沒關係喔！

這就是狸貓與阿瑪之間的心靈交流時刻。很多人都說貓咪是叫喚不來的，沒錯，這點我也很認同，但是其實這不代表他們對人類冷漠，他們只是更有自主性的，想自己決定自己的行為，他們還是會有想要陪在人身邊的時候，只不過前提是，他當下真的這麼想，而不是被強迫的。

阿瑪雖然平時吵吵鬧鬧，總是對著我們大聲嚷嚷，態度十分高傲！但是就算是像他這樣自我的貓，也能有如此溫暖貼心的一面，我想，天底下應該沒有鐵石心腸的貓咪吧……

和平

為了不讓搜可史太孤僻，每天都會抱她出來房間散步。
來，出來看看天空、車子。
嗯？
欸，招弟妳不要亂喔！現在是搜搜散步時間。
……
……
咦？
呿。

嗯……？
去睡了？
之前招弟看到搜搜，都會盯著她，搜搜感到不自在之後，就會立馬奔回房間。
因此偶爾看到眼前這畫面，就會覺得貓界關係真的很奧妙……
保持一定的距離，井水不犯河水啊！

有幾次試圖讓她們倆一起在房間過夜，結果……
妳幹嘛一直盯著我看？不要碰我啊啊啊啊！
我不能盯著妳看嗎？誰說的？我只是碰妳一下不行嗎？
欸欸在吵架了！快去阻止她們！
沒有人在的時候又會開始鬥嘴，擔心打擾到鄰居，只好請她們暫時分開。

招弟與 Socles 的關係非常微妙，她們好像已經有一套不成文的默契，有時各自走各自的路線，互相不干擾，看起來彼此相安無事、和樂融融；但有時候又會突然互踩到對方的地雷點，因而一觸即發，爭個妳死我活。

不過這兩位女孩的鬥爭，彷彿是整個後宮的縮影，她們爭的不外乎也是資源，還有人類的寵愛－像是比較好睡的被窩、比較靠近人的位置、可以看高樓景色的窗台邊、還有最重要的食物及水，除此之外，就是誰能被摸久一點？誰能被關注久一點？

後來我們甚至發現，有人類在的時候，她們更常吵架，晚上奴才們不在的時候，她們反而比較相安無事，看起來，對她們兩位來說，我們可是會導致她們失和的關鍵禍水呢！

招弟的遷徙

候鳥是每年都會遷徙的動物，一來是為了尋找食物和繁殖，二是為了避開寒冷的天氣。
那招弟，應該就是後宮中的候鳥……
最近招弟又開始了少見的大遷徙活動……
跳
嗯……

時候到了！
招弟會離開可以看到天空的房間，默默轉移陣地。
這裡就先讓給妳吧……
妳要去哪？
遷徙途中第一站是客廳，但客廳通常都很吵鬧，招弟不太喜歡停留在這。
柚子來玩！柚子來玩！
我在忙！
抖動抖動
吵死了……

經過辛苦的長途跋涉，招弟最後來到了……
後宮的臥室。
嘿
呼……終於到了！
招弟遷徙的終點，就是臥室的上鋪，那裡通常都鋪著棉被，所以很明顯的，招弟遷徙的目的，是為了度過寒冷的冬天吧……

其實貓咪們隨時會改變棲息地是滿正常的事，原因有很多種，而當時招弟之所以會遷移到臥室裡，主要是因為天氣突然變冷了，而且當時臥室那個棲息點，原本是還沒有什麼貓咪發現的，根本可以算是招弟的私房景點，可惜後來柚子跟小花約會跑去那，不小心誤闖了這個美好園地，私房景點整個被大曝光，而且後來還被鳩占鵲巢，招弟才又悻悻然回去當 Socles 的室友！

三腳的執著

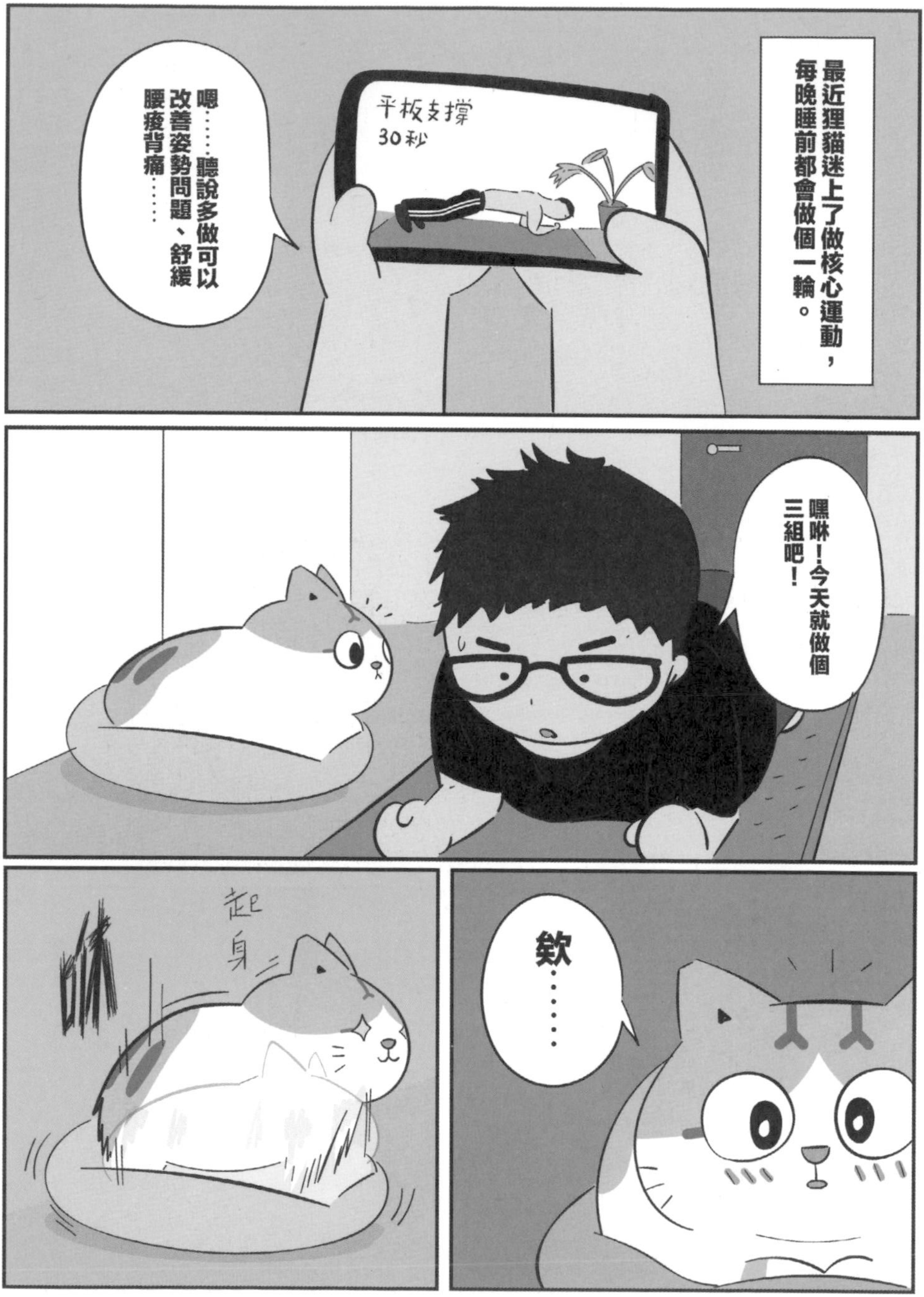
最近狸貓迷上了做核心運動，每晚睡前都會做個一輪。
平板支撐
30秒
嗯……聽說多做可以改善姿勢問題、舒緩腰痠背痛……
嘿咻！今天就做個三組吧！
起身
欸……

背打直……肚子縮緊！
撐住三十秒！
盯—
撐住！撐住！
手好痠好累……
再撐十秒……
嗯？
嗯？三腳怎麼了？
妳幹嘛蹲下來？
妳要幹嘛！
不要啊啊……

啊啊啊不要躺在下面！
這邊感覺有個洞……
那裡很危險！
妳這樣我會下不來啊！我快撐不住了啊啊啊啊！
三腳啊啊啊啊！我會壓死妳啊啊啊啊！
三腳對於洞沒有抵抗力，看到洞就想填滿它。

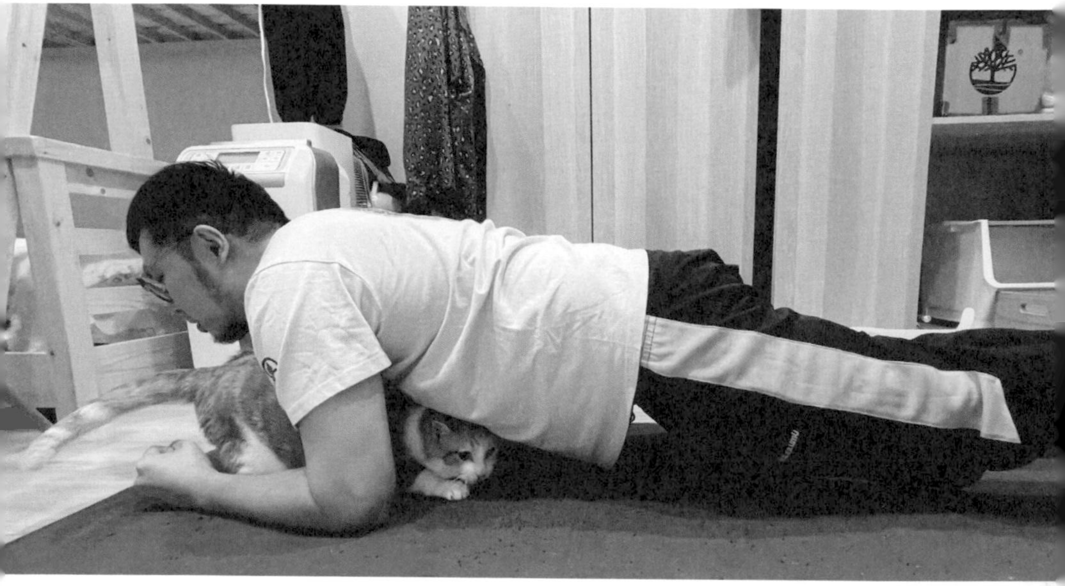

三腳就是標準的「為了接近人、為了待在人身邊」不惜一切代價、辛苦、危險，都要達成的親人貓咪。榮膺為最佳健身輔助員。

尋寶的浣腸

浣腸正處於青壯時期，體力非常旺盛。
陪我玩！
青壯年示意
每天都得讓他出房間散步，或是陪他玩逗貓棒，藉此來消耗他的體力。
一忘記陪他玩，他就會發出各種聲音，瘋狂求關注。
狸貓！狸貓？
誰都好！我好無聊！
誰快來救我！
浣腸又在叫了……剛剛不是出來散步過了？
不然你就去陪他玩那個吧……
他超愛！
起身
噢……是很久沒玩了啦，但這個遊戲不能常玩吧！

浣腸我們來玩「那個」吧！
什麼？真的嗎？
登登登登登！
你最愛的小零食！
CATS LOVE
不能常吃
哇喔喔喔喔！
開始囉！
這是一個尋寶遊戲，把它分散放到不同角落，讓浣腸自己去慢慢尋找！

那陣子浣腸老是精力過剩的樣子，於是狸貓想到了可以跟他玩這個小遊戲，一方面能消耗他的體力，另一方面也可以與他增進感情。

by 志銘

搜可史的巡邏

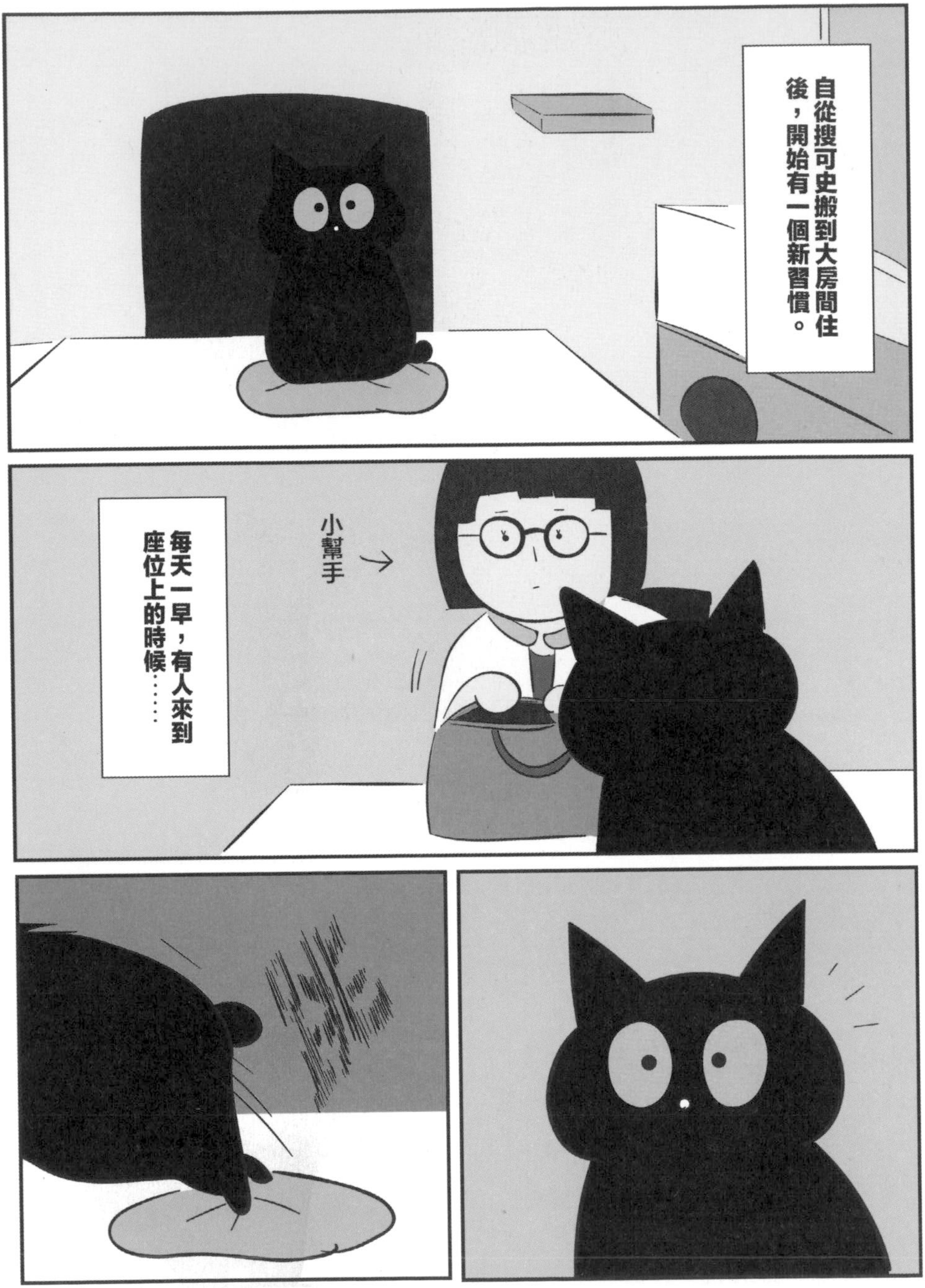
自從搜可史搬到大房間住後，開始有一個新習慣。
小幫手
每天一早，有人來到座位上的時候……

哈囉！
搜搜早安啊。
搜可史會馬上衝到人類的身旁討摸。
要摸摸對不對？
今天可以摸多久呢？
嗯？
哈囉早安！
其他小幫手

有人來了，我先去那！
早安！
哈囉早安！要摸摸啊？
搜的早上任務開始了！
早！
早！
早！
搜可史的每日早上任務，就是要向每個剛來上班的人打招呼，不知道她偶爾會不會覺得有點辛苦呢？

Socles 本來就超級親人，平常在辦公室就喜歡找每位小幫手討摸，更何況是每當經歷一整夜孤單之後的早晨，她更是不會放過跟每一個人認真打招呼的機會。

也因爲大家都習慣了 Socles 如此日復一日的勤勞說早安，某日大家到了辦公室，卻只見 Socles 懶懶的趴著睡覺，便緊張的慌忙查看她是不是生病了，幸好 Socles 只不過是睡得有點熟，聽見大家的叫喚之後，馬上就起身進行討摸摸打招呼的儀式，實在是虛驚一場啊！

三腳的打針日常

最近三腳因為血糖原因，需要天天打胰島素。
每天都要打兩針，所以需要我們自己打。
7/26
7/27
7/28
一開始打會有點害怕……
三腳會不會被我打死？
來，打針喔！
半睡半醒中。
但其實三腳不會痛，多打幾次就慢慢習慣了。

三腳真的很乖……
如果是阿瑪的話應該會超難打。
你想幹嘛？走開！
好，現在一點……晚上一點再打一針！
起身
喵啊啊啊啊啊！

尾巴
喵啊啊啊啊啊痛痛痛！
啊啊踩到妳了！對不起！沒事吧？
抖——
踩到尾巴，比打針還痛。

三腳真的是大家眼中的天使貓，不僅溫柔又親人，面對吃藥、打針更是絲毫不反抗，有時候覺得這樣的毫無反應，反而顯得憨傻到令人心疼，但是也超級可愛！

其實幫三腳打針說難不難，但要說簡單，也還是需要一點小技巧的。簡單來說，就是要挑對的部位下針，只要位置對了，那她就不會痛，甚至會完全沒有反應，有時候連我們自己都懷疑剛剛是真的有打進去嗎？

但我覺得幫三腳打針最重要的，是要陪著她、安撫她的情緒，即便打針對她來說不算太恐怖的事，但偶爾部位沒抓好，她還是會有些微的感覺，或多或少知道我們在她身上做些奇怪的事情吧！

所以我們會陪她一段時間，才盡量趁她不注意的時候打針，至少不要讓她覺得我們接近她只是為了打針，如此一來，她就愈來愈不害怕這件事了！

by 志銘

柚子的撒嬌

後宮最愛找人的貓，就是柚子了……
有人在嗎？
好想被拍屁屁……拍屁屁……
找人的目的當然是要拍屁屁。
哦，狸貓來打電腦了！
最近最愛找的人是狸貓。

每次狸貓來用電腦，
柚子都會自動上肩。
好累——
其實就是方便狸貓幫
他拍屁屁的角度……
如果拍到一半
停下來……
柚子，我累了。

……
……
呼…呼…
他會持續待在肩膀上，用眼神給予你壓力。
被情勒的狸貓，只好繼續幫柚子拍屁屁。
好弱。拍幾下就沒力了？不中用啊。
弱者。
不甘示弱，狸貓只能逞強繼續拍下去，直到手再也抬不起來！

自從柚子最中意的柏柏小幫手比較少來幫他拍屁屁之後，柚子一直在尋找新的按摩機器人，不過每個人都有不同的缺點，有的是不夠有力，不然就是不夠持久、不夠穩定均速。

但因為柚子的上癮症狀十分嚴重，尤其半夜時，如果只有狸貓在，他自然就是找上狸貓，而狸貓就會一邊玩遊戲，一邊幫柚子服務，這有點像是我們去一間按摩店想要按摩，可是整間店的按摩師只有一位，但又真的很想按摩放鬆，那也就只能將就將就了吧！

by 志銘

阿瑪的堅持

狸貓表面總說阿瑪好煩一直黏著他，但他心裡其實開心的不得了。阿瑪可不是對每個人都這樣的呢！

恐怖的時刻

2

PART

阿瑪與三腳

每天晚上，阿瑪和三腳都會陸續前往臥室。
急什麼…
快 快 快
最先上床的通常都會是三腳。
耶我最早到！
三腳，妳壓小力一點！那邊有重要的東西！
舒—服
三腳最喜歡睡在胯下，可能是比較暖吧……
三腳妳又搶朕的位置！
我先來的喔！枕頭那邊還有位置啊！
想插隊啊！
欸欸欸……不要為我的胯下吵架！
雖然他們會鬥嘴，但阿瑪最後都會摸摸鼻子算了。

阿瑪離我好近喔！好幸福喔……
不要靠朕那麼近！也不要用變態的眼神看朕！
為了睡在沒貓搶的枕頭邊，只好忍受奴才時不時的騷擾。
兩隻貓陪著睡覺，聽起來滿溫馨，但其實沒有想像中那麼令人羨慕……
因為全身都得定格，深怕一移動就會壓壞他們……
沒辦法隨心所欲的移動身體……
吸氣……吐氣……想像自己躺在很舒服的地方……
只好利用冥想讓自己順利入睡。
隔天一早……

嗯？
早安啊！各位……
早啊！
!?
咦？阿瑪你怎麼在胯下？
而且看起來睡眠不足！
三腳？妳怎麼在那？
你們是怎樣……
常常一覺起來之後，他們的位置就互換了，不知道在半夜，他們到底經歷了什麼樣的爭權奪位。

跟貓一起睡覺的時候，常常會忘記自己是怎麼睡著的，尤其是好多隻貓圍繞著自己的時候，真的是覺得自己好受歡迎、好幸福啊！然後被壓著壓著……就失去意識了！

基本上三腳是不論誰躺在床上，她都會主動靠過去陪睡的類型，不過阿瑪通常就只會理狸貓，所以基本上這篇的困擾，很少在志銘身上發生，算是志銘很羨慕的煩惱呢！

恐怖的夜晚

現在是凌晨四點多……
我完全睡不著。
因為阿瑪已在廁所大叫十分鐘，
要我去幫他擦屁屁。
快過來！
欸你有點軟便……
是不是亂吃什麼？
欸！
你怎麼了？
呃……
呃……
嘔啊啊啊啊！
阿瑪亂吃塑膠，每次吃完
就會馬上吐出來。
奇怪！到底在哪裡吃到
塑膠的？
後宮塑膠通常都會藏好，
但偶爾會有漏網之魚。

凌晨四點多，我就開始在後宮巡邏，尋找塑膠到底在哪裡。
這裡沒有……
這裡也沒有……
啊，是這裡！有齒痕！
原來是紙箱上的封箱膠帶沒撕乾淨。
好……收乾淨可以睡了……
噗啾
腳底傳上來的濕滑觸感，令狸貓感到似曾相識。
啊啊啊啊！我踩到屎了！
阿瑪每次軟便的時候，就會想找地方摩擦，試圖擦乾淨……

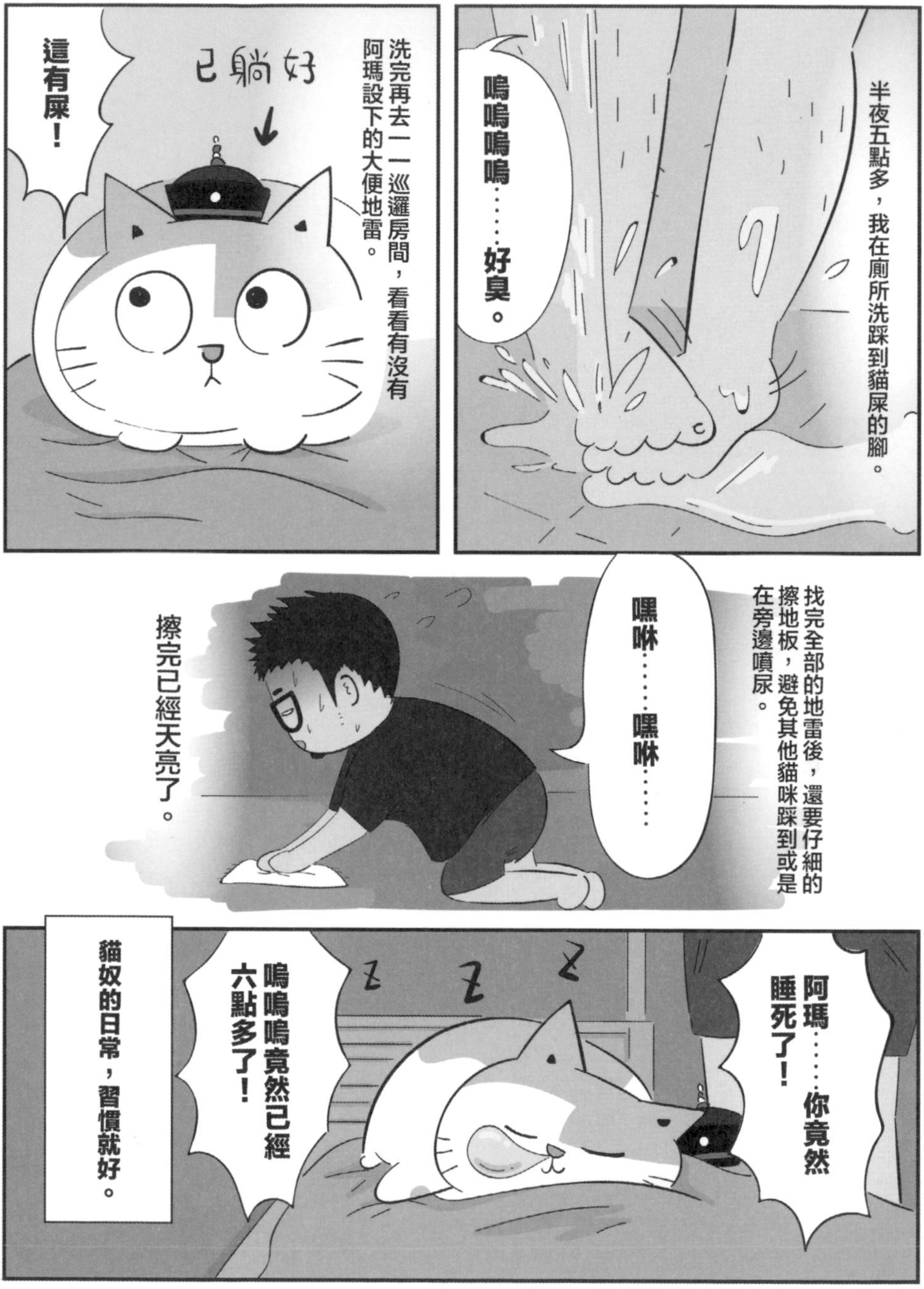
半夜五點多，我在廁所洗踩到貓屎的腳。
嗚嗚嗚嗚……好臭。
洗完再去一一巡邏房間，看看有沒有阿瑪設下的大便地雷。
已躺好
這有屎！
找完全部的地雷後，還要仔細的擦地板，避免其他貓咪踩到或是在旁邊噴尿。
嘿咻……嘿咻……
擦完已經天亮了。
阿瑪……你竟然睡死了！
嗚嗚嗚竟然已經六點多了！
貓奴的日常，習慣就好。

阿瑪的塑膠異食癖至今仍然沒有戒掉，所以偶爾還是會發生這樣可怕的事情，而且常常在忙碌了一天之後，當我們愈想要平靜安穩的躺平入眠時，就總會愈容易有出乎意料的麻煩事情發生，這大概也是一種墨菲定律吧！

不過能找到原因、能順利解決的事情，就都不是難事了，養貓不就是這樣，把驚嚇當作驚喜，把辛苦當做修行，剩下的就全都是跟他們相處的美好時光了！

阿瑪的禮物

最近阿瑪剛過生日，同時也意識到他年紀愈來愈大了。
恭喜15歲！
生日球池
生活不是吃就是睡，睡覺時間也開始變得很長。
唯一不變的就是他的臉，竟然不會有皺紋，令人羨慕！
真是可愛啊……

……
你好啊……
你看什麼看？不要靠朕這麼近……
看你啊，呵呵呵呵……
扭
呿
那朕送個禮物給你。

好啊！你要送什麼？
嗯？
跳
欸？
是屎啊啊！
為什麼椅子上有屎啊啊？
好噁心啊啊啊啊……
阿瑪偶爾會發放的小禮物，殘屎，並不是阿瑪會亂大小便，是剛上完廁所，沒弄乾淨的屁屁造成的……

跟貓咪相處的日常之一，最應該要習以為常的就是屎尿這些事了，尤其經歷過以前要面對貓咪們惡意、故意亂尿尿的時期後，現在這種不小心沾到便便的小考驗，真的是沒什麼了啦！

柚子讓位

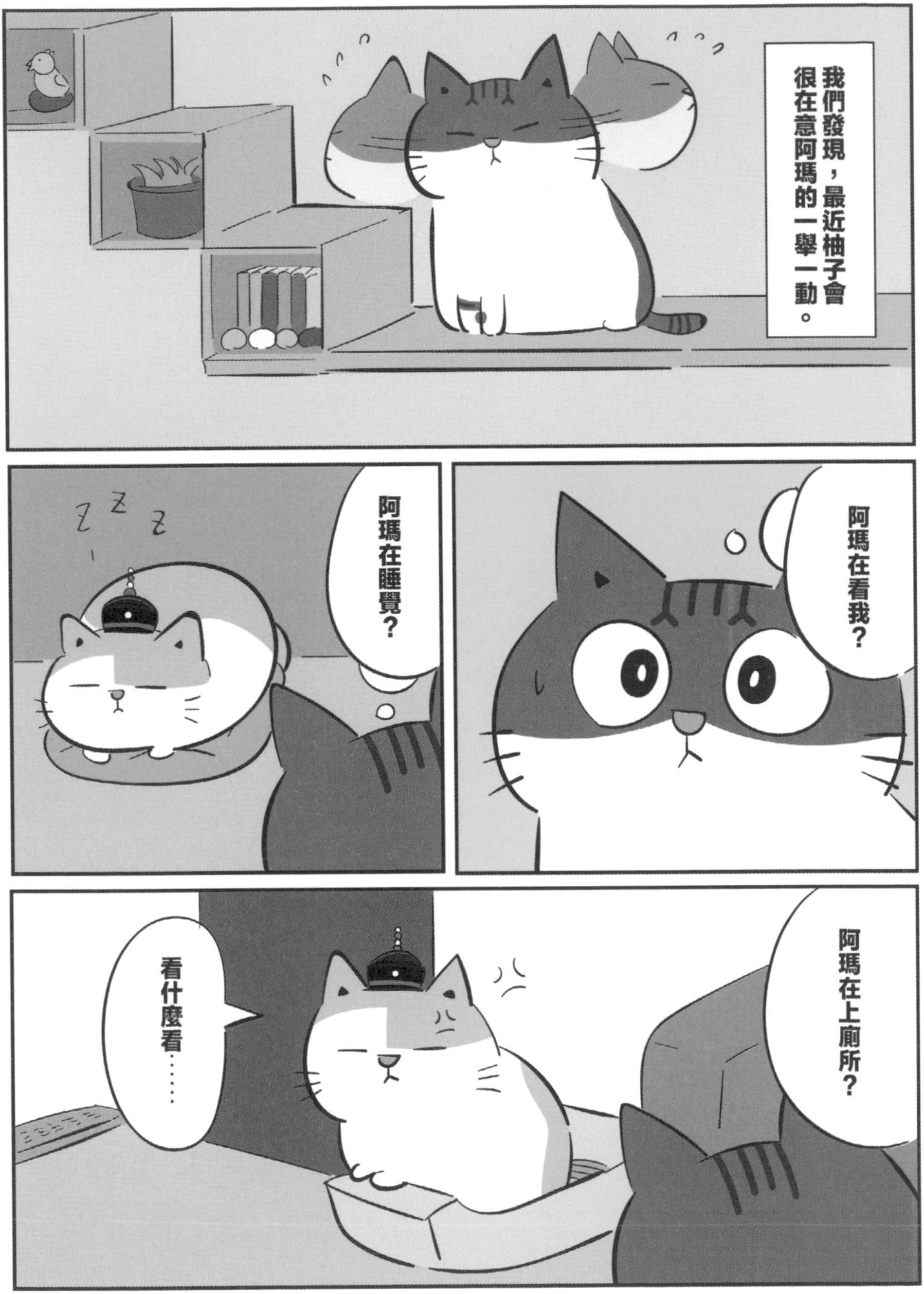
我們發現，最近柚子會很在意阿瑪的一舉一動。
阿瑪在看我？
阿瑪在睡覺？
阿瑪在上廁所？
看什麼看……

並不是柚子愛上阿瑪了，而是一種敬畏之心。
踏
踏
踏
嗯？
像是當阿瑪靠近柚子的時候……
阿瑪的氣場會驅使柚子……
墊子看起來很好睡喔……
呃……
會默默的把它讓給阿瑪。
好啦給你睡！再見……
但沒想到的是……

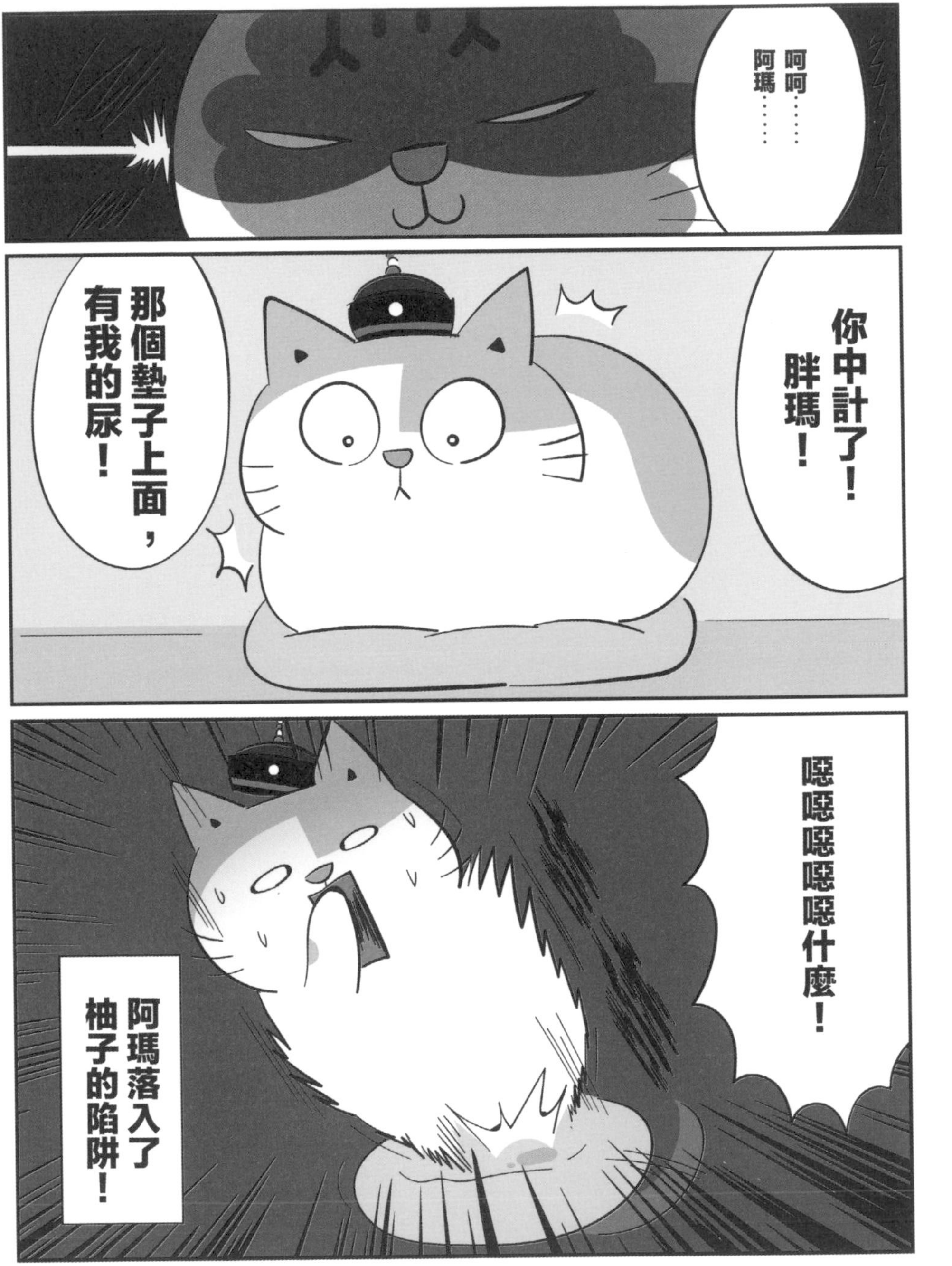
呵呵……
阿瑪……
你中計了！胖瑪！
那個墊子上面，有我的尿！
嗯嗯嗯嗯嗯什麼！
阿瑪落入了柚子的陷阱！

by 志銘

自從搬來第三個後宮之後，柚子亂尿尿的行為已經減少很多（幾乎沒有了），偶爾會再度發生，通常都是因為我們忘了更換費洛蒙的補充罐。

不過柚子對阿瑪的敬畏之心倒是真的有喔，雖然有時候又覺得他不是真的完全打從心底服從阿瑪。隨著阿瑪與柚子年齡的增長，他們之間的關係也一直不停的變化著，而我們則是陪著他們經歷這一切，不論他們誰是老大，只希望大家都健健康康就好！

嚕嚕的扶手

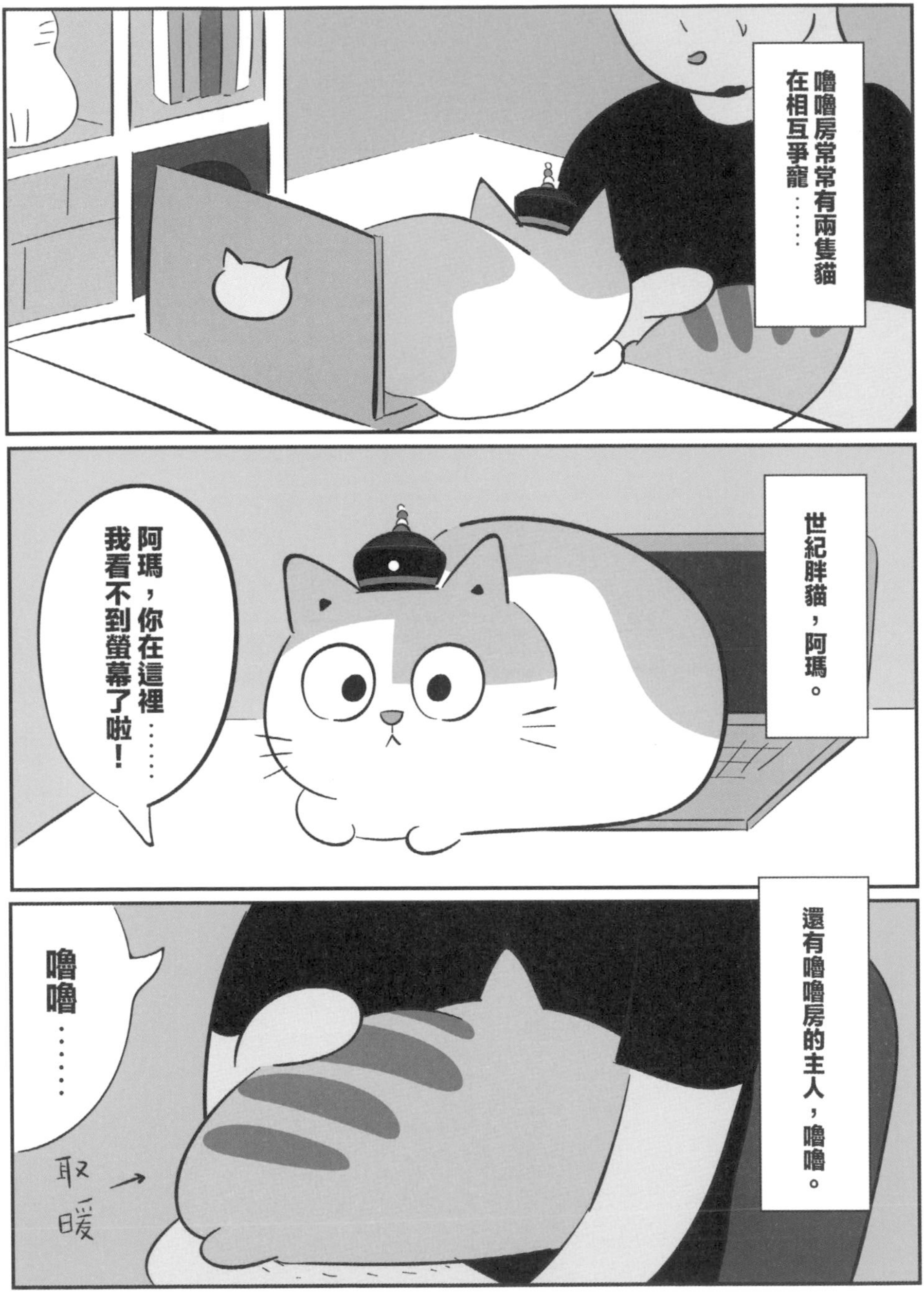
嚕嚕房常常有兩隻貓
在相互爭寵……
世紀胖貓，阿瑪。
阿瑪，你在這裡……
我看不到螢幕了啦！
還有嚕嚕房的主人，嚕嚕。
嚕嚕……
取暖

被阿瑪卡位，只好到腳上，嚕嚕好可憐……
桌上
?
起身
阿瑪你要幹嘛？
嚕嚕在睡覺，你不要亂喔……

阿瑪！
啊！嚕嚕！
什麼？發生什麼事？
我被打了？要掉下去了？
得想辦法抓住什麼，欸？

這單純就是太久沒幫嚕嚕剪指甲的錯，我們自作自受！

到底說了什麼

招弟自從遷徙後，偶爾會看到她在客廳散步。
而浣腸，也偶爾會被狸貓放去客廳散步。
不同房間，也非常久沒碰面的兩位，在這天時地利人和的情況下，相遇了……

!
!
咦，她怎麼在這？她好眼熟，她是那個……
以前常常在那隻肥貓附近的小跟班！
咦，他怎麼在這？哇他鬥雞眼好嚴重……
欸欸欸……他幹嘛一直靠過來……

發生在浣腸身上的許多事情，真的至今都是個謎呢……

一台電腦

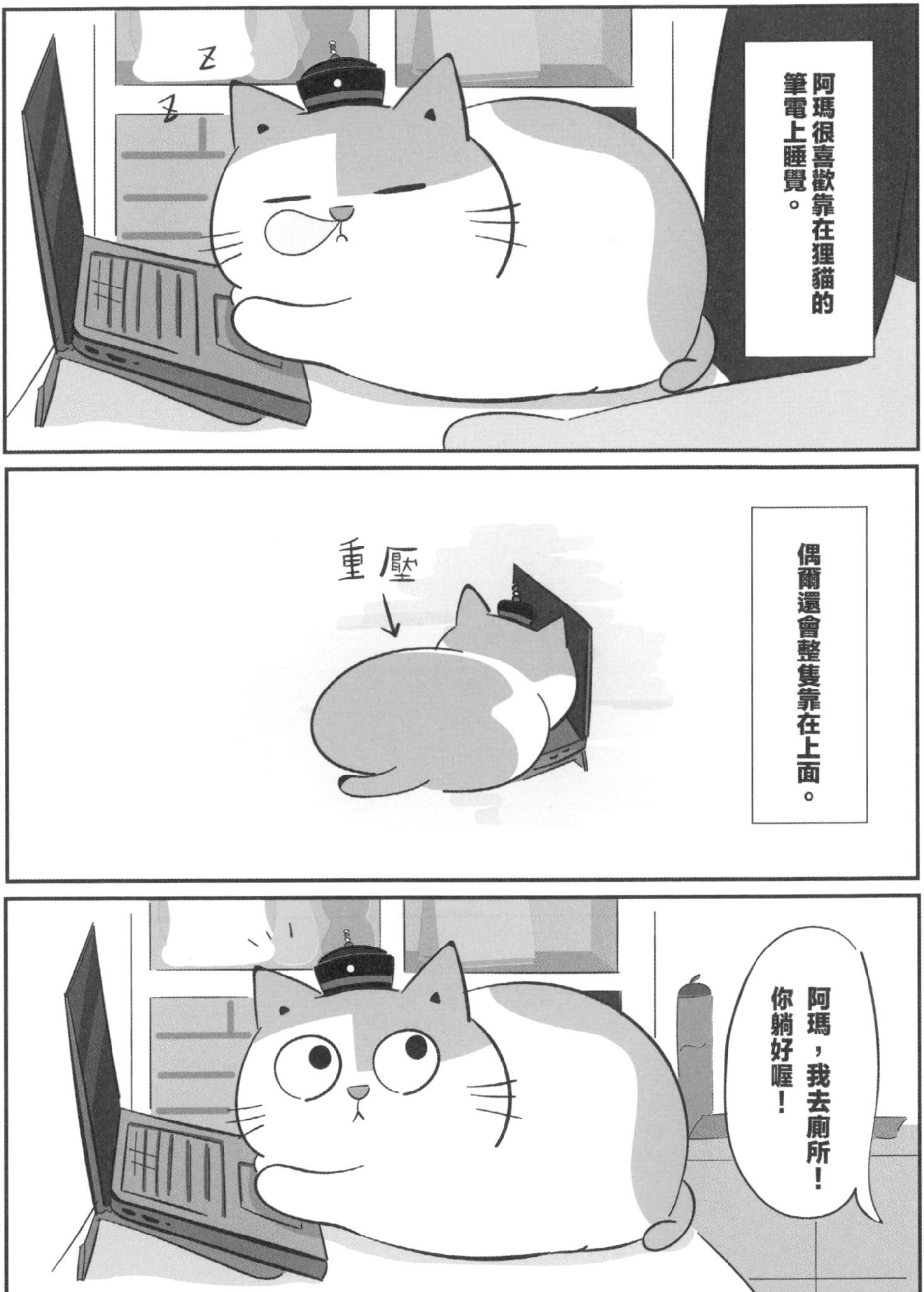
阿瑪很喜歡靠在狸貓的筆電上睡覺。
Z Z
偶爾還會整隻靠在上面。
重壓
阿瑪，我去廁所！你躺好喔！

趴下
砰咚
!
位移

無敵慘案！數萬元的電腦就這樣毀了！後來我們直接把電腦架黏死在桌上，以免悲劇重演！

浣腸上廁所

浣腸有時會到客廳散步。
來，出來走走吧！
但每次都會鬼鬼祟祟的。
明明沒人要害他。
緊張
緊張
緊張
緊張
卻總杵在門口想很久，才肯安心走到客廳。

喔！一出來就上廁所啊！
尿……
蓋貓砂，真可愛！
嘿咻
嘿咻
誰？
竟然連在蓋貓砂的時候都很緊張！

回頭
又轉
浣腸在客廳上廁所，需要瘋狂回頭查看身後狀況。
得趕快把味道蓋起來……
快……
誰？誰在偷看我？咦？沒有……
……
好辛苦的浣腸人生！

浣腸對房門外的好奇，自然是不必再多說，但每次到客廳放風散步的他，都會像是身在恐怖片場景般心驚膽顫，多重貓格如他，時而充滿自信，又時而膽小怕事，想必他對於自己，也有很多我們想不透的困惑吧！

by 志銘

悲傷的故事

3

PART

小花的改變

小花最近除了身材變化之外，還有一個改變。
小花~~
胖了
以前的小花，看到奴才。
嘖。
我又沒要幹嘛……
現在的小花，看到奴才。
安一靜
嗯？今天好冷靜？

直接睡起來……
但妳擋到我的電腦了啦……
小花的改變不只這樣，甚至在晚上睡覺時……
該睡覺了……
嗯

還會主動陪睡，投懷送抱！
妳妳妳妳……妳要跟我睡覺？
雖然睡得離我很遠……
最近的每一天，小花都這樣呢！

可憐的柚子……
為什麼……不跟我睡了？

小花的驕傲

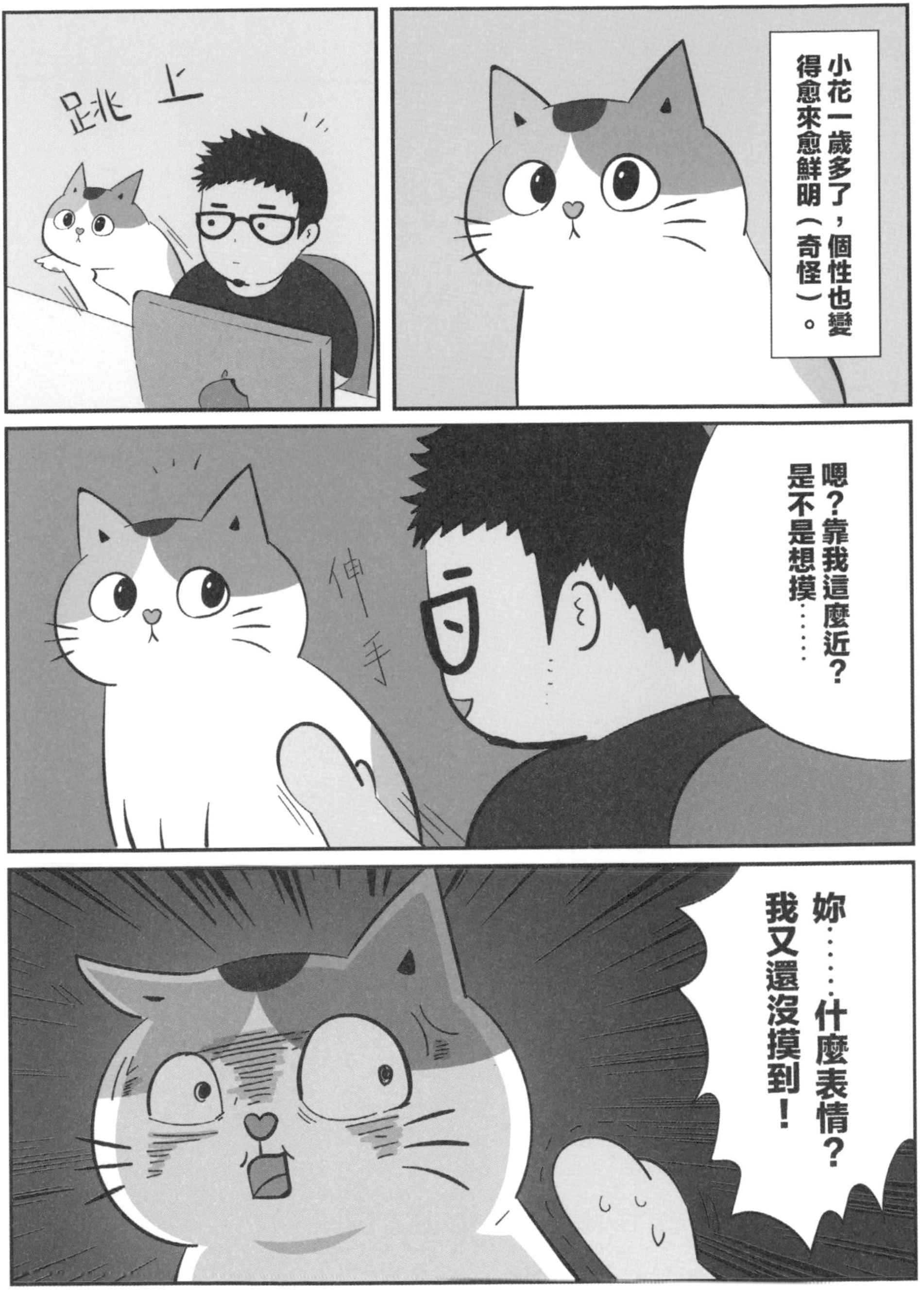
跳上
小花一歲多了，個性也變得愈來愈鮮明（奇怪）。
嗯？靠我這麼近？是不是想摸……
伸手
妳……什麼表情？我又還沒摸到！

啊?!
跑了！
小花就是這樣，算是親人，
但不喜歡被太熱情的撫摸。
而且沒多久後就……
又回來了……
出現
!
先說好，未經許可
不要亂摸喔……

好啦……
摸
你又摸我！
小花是不是覺得我們人類的手……很骯髒呢？

by 志銘

小花的個性真的可以說是從小變到大！四小虎時期超親人，後來她的兄弟們離開後，雖然還是親人，但開始變得愈來愈有主見，不要的就是不要，怎麼強迫都沒有用，她會用更激烈的反抗來回應。後來再大一點，跟柚子愈來愈要好之後，就漸漸對人類疏遠，彷彿我們是種可怕的生物，讓她有防備心很重。

後來我們決定常常對她無視，愈不關注她，她就愈不緊張，慢慢就變成現在這種，有條件式的親人模式了！所謂有條件，就完全只是取決於她自己的主觀感受，她喜歡你，就會靠近你；她看不順眼你，就會覺得你要害她；沒有什麼特別的定律，一切看她心情而已喔！

不過不論是誰，受到小花的撒嬌榮耀，都是很值得開心的事，像是狸貓這樣得到寵幸，自然是喜出望外了啊！

嚕嚕與小花

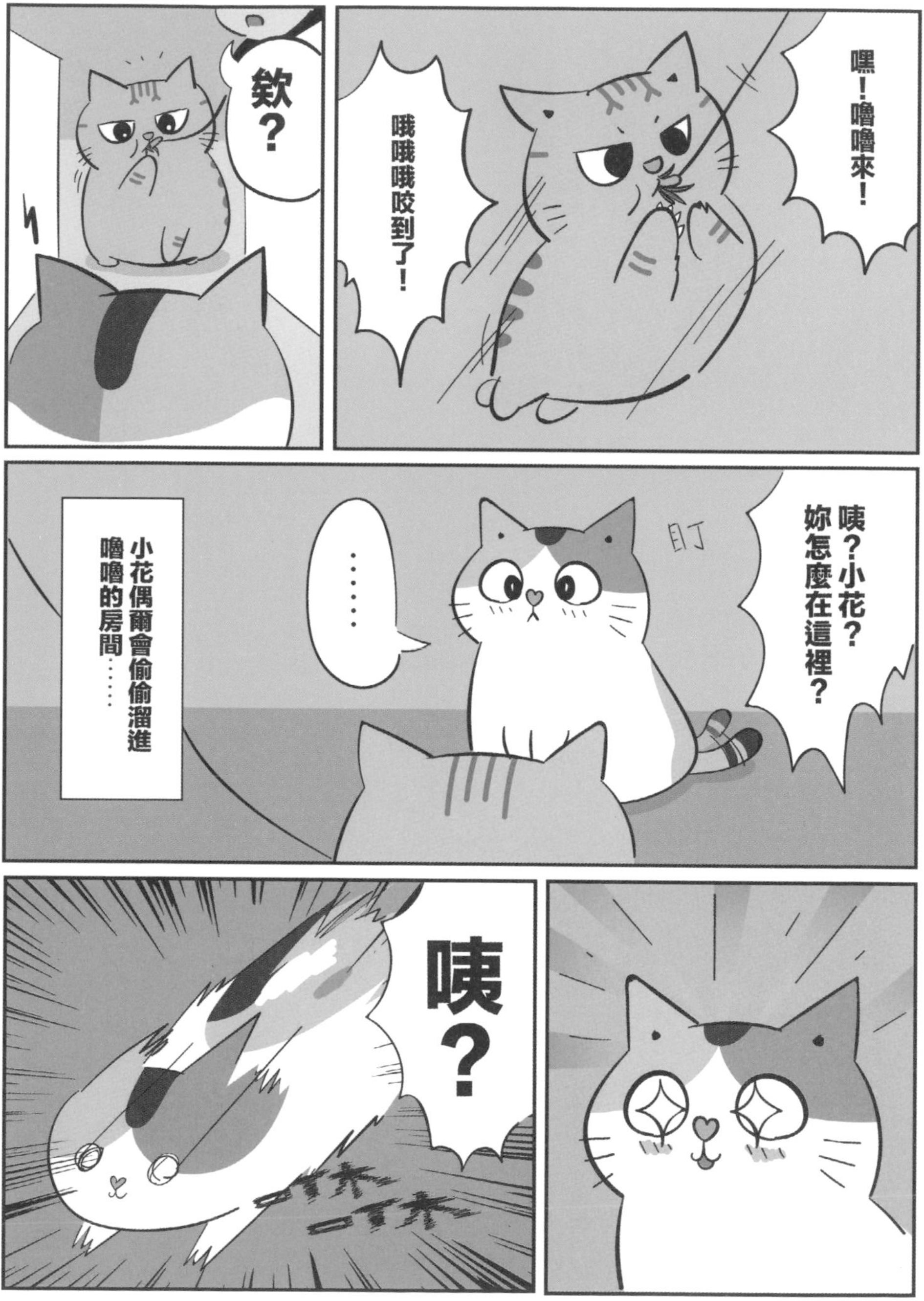
嘿！嚕嚕來！
哦哦哦咬到了！
欸？
咦？小花？妳怎麼在這裡？
盯
……
小花偶爾會偷偷溜進嚕嚕的房間……
咦？

啊噗！
不行不行行！
長幼要有序……
阻止
妳沒看到嚕嚕咬著嗎？不可以搶！很沒禮貌！
吼……看起來很好玩啊！
……
沉思
咦……
嚕嚕……你不玩了？
啊－丑
放

嚕嚕……你不要吃醋喔！
等等再陪你玩！
ㄉ一ㄤ
ㄉ一ㄤ
ㄉ一ㄤ
被妳得逞了！要記得是
嚕嚕先讓妳玩的哦！
小花……玩得好開心喔。
嚕嚕的內心，似乎掀起
了小小的波瀾。

by 志銘

嚕嚕以前除了會跟阿瑪爭搶之外，很少會有與其他貓競爭的欲望，更何況是像小花這樣不太熟的小女孩，嚕嚕會這樣放棄玩樂也不太意外。

不過如果嚕嚕獨自一貓的時候，他也是很愛玩耍的唷，沒有旁貓看著的話，他可以自己玩得像個小貓一樣，非常可愛又討人喜歡呢！

（志銘愛心無限爆發中……）

志銘的憂愁

最近不知道為什麼，嚕嚕不太常找志銘撒嬌。
嚕嚕……你怎麼……
你怎麼都去找狸貓撒嬌啦！
哎唷嚕嚕！會痛，抱著就好，不要伸爪啦！
嚕嚕……
呼嚕……呼嚕……

嗚嗚嗚……
2022
……
嚕嚕小力一點啦！
哈哈哈哈……
嗯……
……

欸？阿瑪！
阿瑪你……
啊我被臨幸了！
志銘太可憐了，
捧他場一下好了。
阿瑪你是同情我嗎？
嗚嗚嗚嗚……

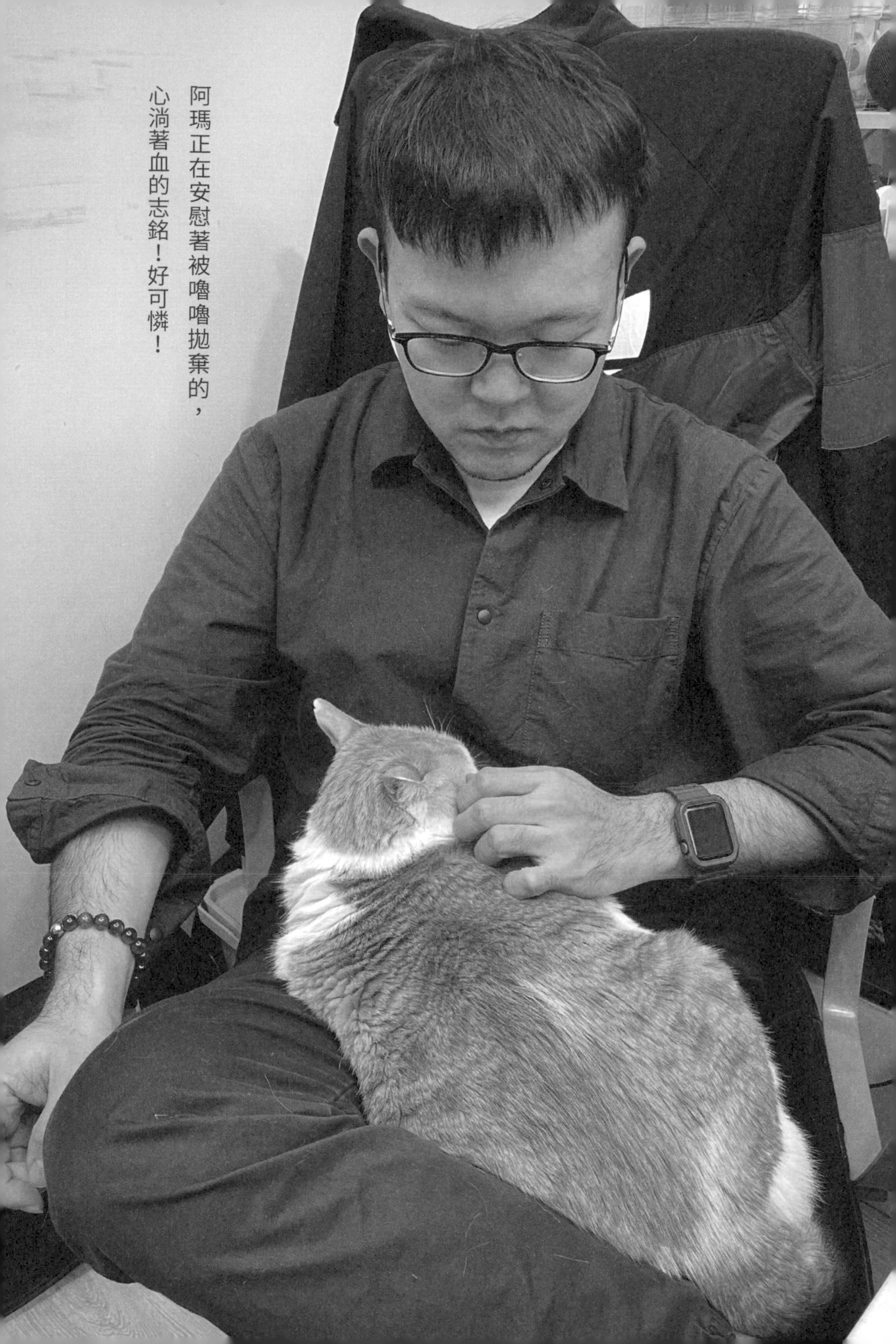

阿瑪正在安慰著被嚕嚕拋棄的，
心淌著血的志銘！好可憐！

愉快的瞬間

招弟與搜可史，雖同住在一起，但時常有爭執。

不過在某個時刻，她們的表現卻非常的一致。
嗨！招弟！搜可史！

哈囉！
！
來了！

衝啊！
把那個交出來！
哇……妳們這麼想我喔？
來來來摸摸！
不對！我們不要摸摸！

我們要那個！
那個呢？
叩咻
妳看他手上！沒有肉泥！
好差勁！叫他出去！
欸欸欸？妳們不是要找我嗎？
志銘是肉泥攜帶機，若沒肉泥，就沒有被靠近的必要。

一開始是因為嚕嚕吃藥需要搭配一點肉泥，志銘怕嚕嚕吃太多，所以都會分給其他各貓，一開始大家都超愛志銘的肉泥時間，漸漸大家習慣有肉泥的志銘之後，偶爾發現志銘沒有肉泥時，貓咪們就會露出明顯厭惡困惑的神情，然後直接掉頭離去，而這種狀況尤其是招弟和 Socles 最為明顯！

不過習慣是需要慢慢培養的，養成壞習慣之後，就要再重新培養好習慣，後來志銘直接減少餵招弟 Socles 肉泥的次數，希望她們不再那麼現實，果然，她們現在又能認得沒帶著肉泥的志銘了呢！

by 志銘

嚕嚕的等待

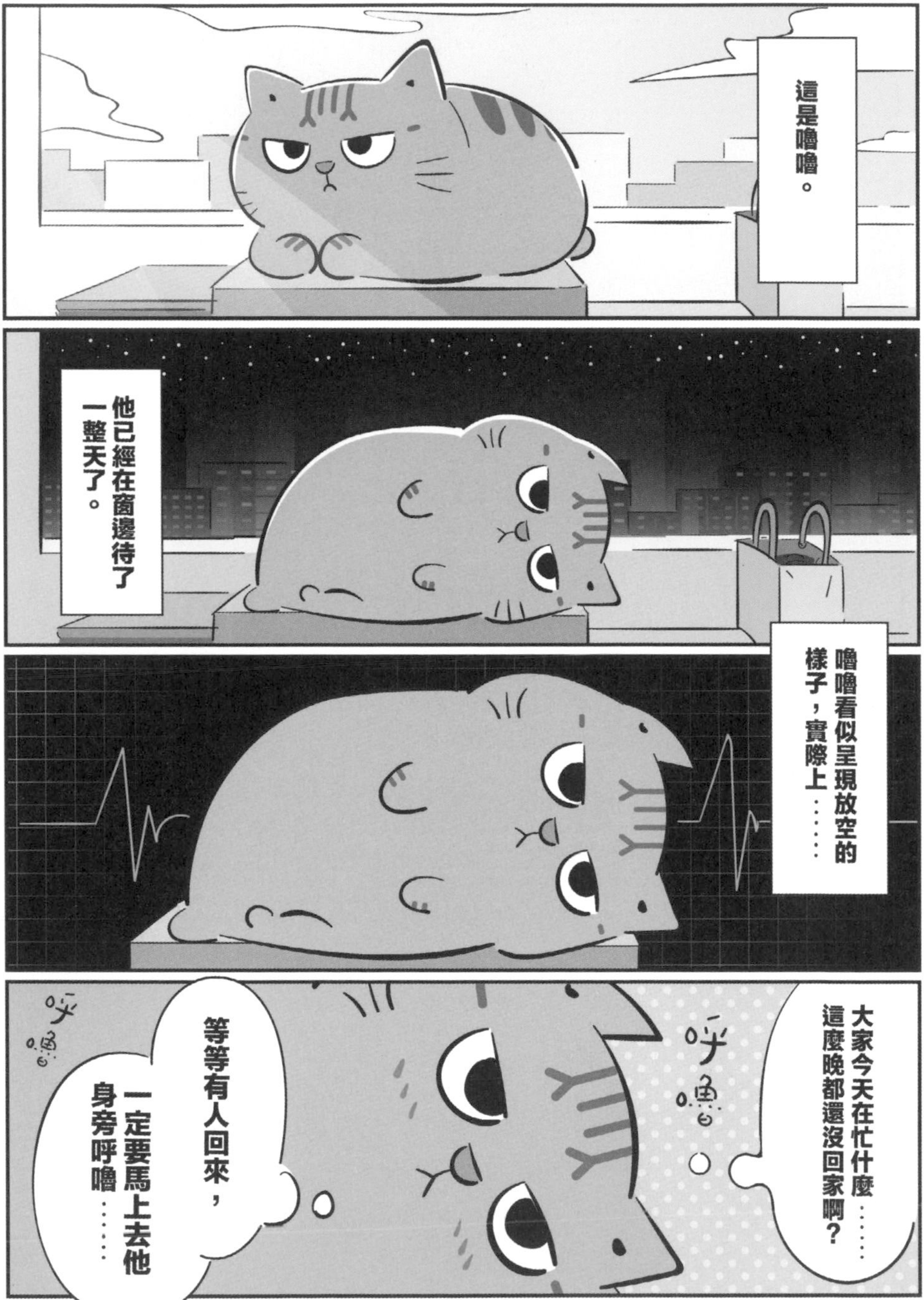
這是嚕嚕。
他已經在窗邊待了一整天了。
嚕嚕看似呈現放空的樣子，實際上……
大家今天在忙什麼……這麼晚都還沒回家啊？
呼嚕
等等有人回來，一定要馬上去他身旁呼嚕……
呼嚕

翻身
等等應該是狸貓先回來吧？
好像也有可能是志銘……
還是……
是……誰……
常常等到睡著的嚕嚕。

嚕嚕真的可以一整天都靠在人的身上喔！真的好可愛啊……

貓貓美食救援計畫

4

PART

擺爛

在我們這個世界，人類是勞動動物，負責掃地、賺錢、煮飯，打理生活事務。
拿吃的來！
因為我們貓貓，是這個世界最高等的生物；而人類，就是為了伺候我們而存在的高等奴隸。
但為什麼？我們家的人類，卻總是那個死樣子？
我好餓……
我還要睡……
完全沒有生產力的小廢物，還一次兩個！

懶散的他們，上次出門工作已經是十年前的事了……
工作好累啊……
我不想做了……
好餓……
沒有食物……
啊啊啊啊啊
都瘦了……
家裡沒飯了……
後宮的存糧也已經快要見底了！
阿瑪，怎麼辦？快想想辦法啊……
嗯……再這樣下去不行……

可是我們如果去外面工作，
一定很容易會被取笑的……
你們看，有貓貓在工作欸？
沒有人類伺候嗎？
真是可憐啊。
哎唷，你們身為貓貓……
怎麼可以出來工作呢？
真是丟臉死了！
真是一個畸形的社會！

但不做點什麼的話，真的會
全員餓死的，這是面子和肚
子之間的問題啊……
而且那兩個奴才現在雖然廢，
但還是得賺錢養他們……
畢竟他們也曾養過我們……
戳
戳

好吧……
嗯？
什麼？
我們去外面工作賺錢吧！
這樣才能買食物！
也才能養活大家和那兩個小廢物！
不能畏懼社會的眼光！
我們要勇敢踏出舒適圈！

蛤⋯⋯
好！
那要做什麼？
好餓⋯⋯
我們來開個現在最流行的店吧！一定會很多客人的那種！
買爆！
哇啊啊啊啊啊 快搶啊啊啊啊啊
究竟，後宮貓貓們會開什麼樣的店呢？

在阿瑪和後宮們的努力下……
嘿嘿嘿……

他們開了間貓貓漢堡店！
IEANCATS
RGERS
招牌是貓貓漢堡，但是……

嘔嘔嘔嘔！
好難吃啊啊！
這味道好奇怪啊！
出乎意料的難吃！
這……這家店好可怕！
快走！
開幕的第一天……
……

生意就非常差，客人全部都被嚇跑！
難吃
朕的貓貓漢堡竟然不受歡迎……

真的很難吃嗎？
嗯，真的不好吃……
嘔嘔嘔嘔！
浣腸你很誇張……

朕研究多年的美食，竟然失敗告終……
啊噗！
少來！
你明明才研究三天……
大家也太挑了？氣死氣死氣死氣死！
還是要下海賣身？摸摸咖啡店？摸一次一百！
我覺得……
要不要換做別種食物呢？
例如……

……
？
？
做甜點吧！
感覺很療癒，又比較簡單好做吧？
甜點真的比較容易嗎？

甜點店

在招弟的提議之下，
大夥決定做的甜點是……
甜甜麵包店！
招牌是有店長臉
的甜甜奶油包！
FUMEA
BAKE
SINCE

沒想到客人的反應……
嗯……
嗯……
嗯……
！
啊啊啊啊太好吃了吧！
吃了這……這個店長臉奶油包！
身體瞬間充滿貓咪的能量啊！
還有這個……
貓蛋蛋造型麵包！
好有生命力的料理！

沒想到……竟然大受好評！
我要！
給我奶油包！
我要蛋蛋！
啊啊啊啊！
嘿嘿，果然沒錯……
只要瘋狂放上貓貓的元素！貓貓掌印！貓貓臉！貓蛋蛋！
就會有客人買單！
太……太卑鄙了！

店長！我要貓蛋蛋十個！我還要奶油包啊啊啊！
阿瑪的麵包店，生意開始愈來愈好。
啊啊啊啊啊啊
也開始有足夠的錢財，能回家好好飼養奴才了！
啊，好好吃！
終於有飯了！
要吃完不要浪費喔……
看來……養他們也不成問題了呢！
欸，阿瑪！既然生意這麼好，要不要……

乘勝追擊再多開幾家店呢？
比如說……
蛋糕店！鬆餅店！冰店！
又要繼續開店嗎？
究竟，甜點奇才阿瑪，會不會繼續開店呢？

冰店……
鬆餅店……
蛋糕店……

開什麼店都大成功欸！
嘿嘿嘿！
蛋糕店老闆
鬆餅店老闆
冰店老闆
阿瑪連續開了三間店，每間店都獲得了非常驚人的迴響。
給我！我要阿瑪鬆餅！
冰！我要阿瑪冰！
我要那個蛋糕！

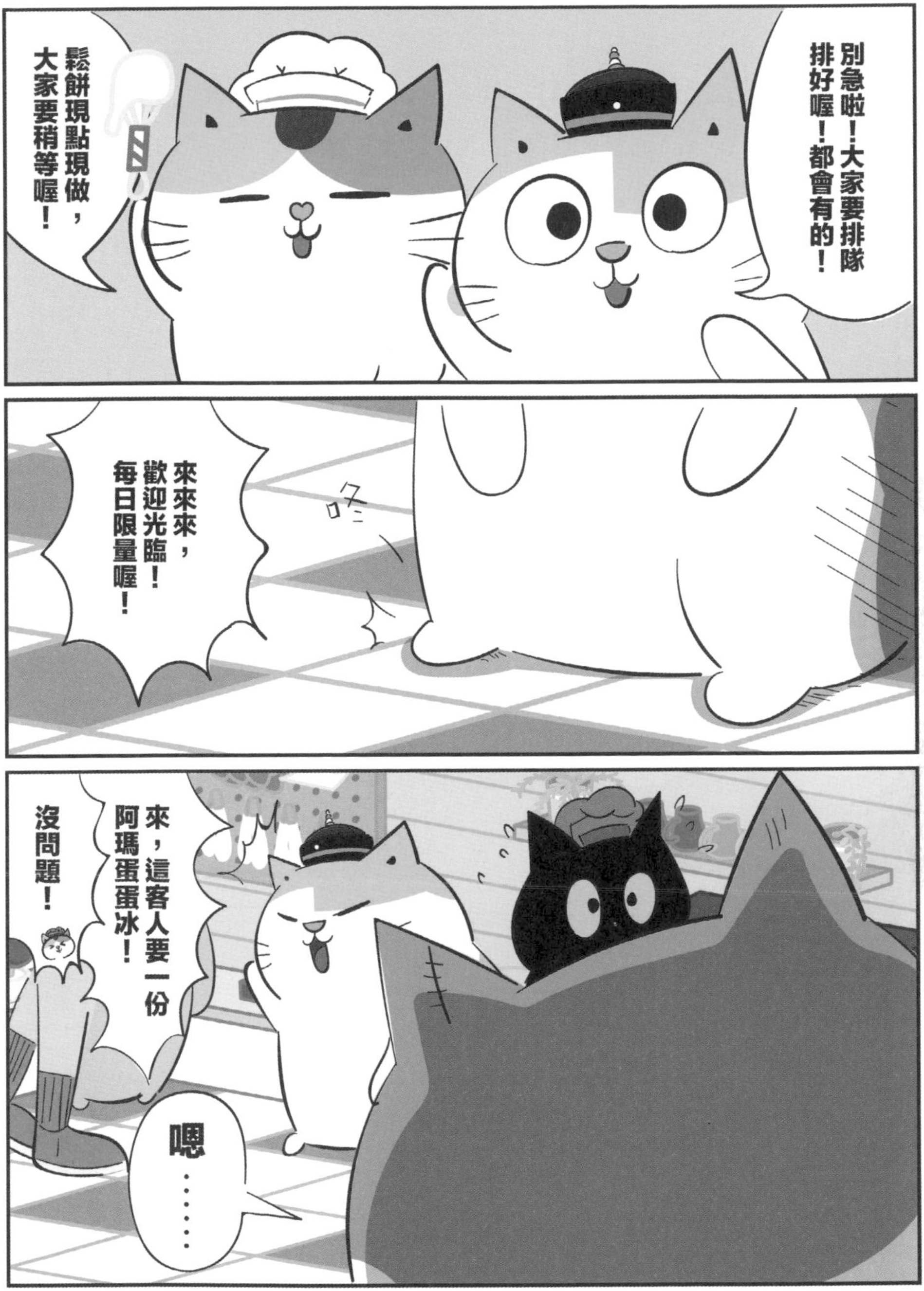
別急啦！大家要排隊排好喔！都會有的！
鬆餅現點現做，大家要稍等喔！
咚
來來來，歡迎光臨！每日限量喔！
來，這客人要一份阿瑪蛋蛋冰！
沒問題！
嗯……

這……就是最近爆紅的那家店嗎？
對啊！他搶了街上大家的生意呢！大哥，那這次打算怎麼辦？
又是一個不懂規矩的。哼……還用說嗎？

來給他點教訓吧，就跟以前一樣！
沒跟我打過招呼，就別想在這賺大錢！
這世界可沒你想的那麼簡單！
開始感覺不妙了呢……

呀啊啊啊！
怎麼了？
你是誰啊？
你在做什麼！

哼哼，告訴他！
呵呵，幫你介紹一下我們大哥……

整個貓貓街裡，最壞最凶惡……可以一次打死十隻老鼠的貓！
灰哥！
你剛剛問我在做什麼？

我在做我該做的事啊，整理店家！
欽欽你住手！憑什麼搗亂啊你！
咻
出現一
憑我在這待好幾年啊……
……
你知道……以前那些沒經過我的同意，就在這開店的……
最後下場都怎樣嗎？

全部都被我綁起來了！
我天天派人幫他們洗澡！
啊啊啊我不想洗澡！
嘿嘿嘿嘿！
好好想想吧……
今天我只是來
提醒一下。
接下來，別讓我再
看到你們在這了。
趕快走吧你們！

洗澡也太變態了吧！要怎樣才能在這開店？
好問題……
很簡單，現在賺到的錢，全部都交出來！
哈哈哈哈
你……
你說什麼？不可能！這是大家辛苦賺來的！
對啊！不可能讓給你！

那就做好覺悟吧！
不要在這邊營業了！
明天就給我消失！
……
他們又在欺負新來的……
你們看什麼看！
走開走開！
我們老大在教導新人！
哼，今天就放過你們了！
明天還在這裡的話，就走著瞧！
嘿嘿……記得喔！

……
這……怎麼辦？
怪貓欸……
他們是流氓欸……
好過分！
跟他們打架啦！
要離開的話，才剛經營好的店，就要這樣放棄……
如果要留下來，就得面對這群流氓……
嗯……

你們回來了！
好餓啊啊！
吵死了……
鄰居會罵啦！
來，晚餐……
哇！謝謝主人！
好吃！好吃！
好吃好吃！
那今天生意如何？
是不是也很棒啊？

嗯……
怎……怎麼？
我們今天……
遇到流氓了！

你說流氓？
嗯，來搶劫的。
什麼！你們遇到流氓？
還被搶劫？
那怎麼辦？是不是以後不能開了？
好大聲
那那那那……我們以後的飯怎麼辦？

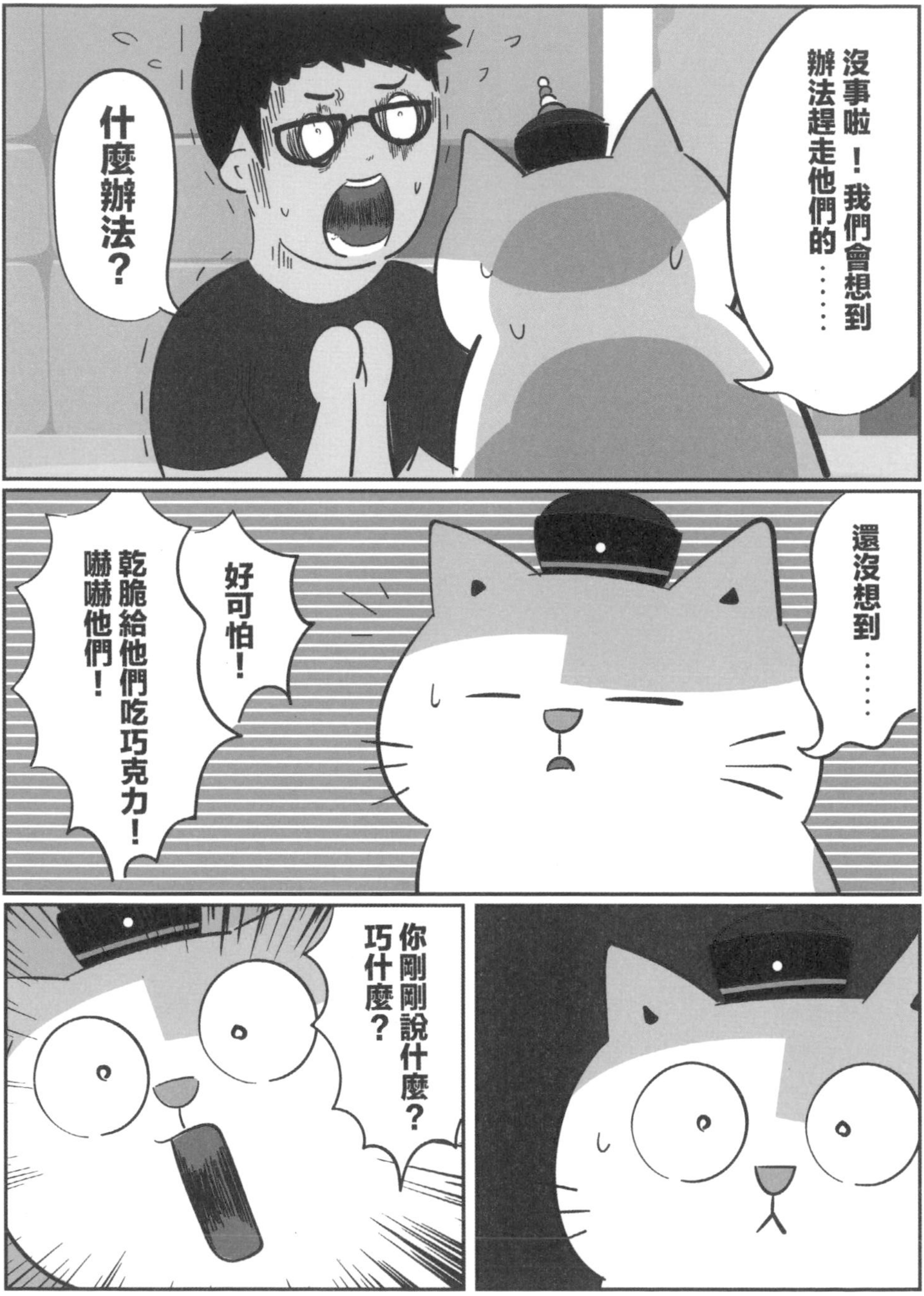
沒事啦！我們會想到辦法趕走他們的……
什麼辦法？
還沒想到……
好可怕！
乾脆給他們吃巧克力！嚇嚇他們！
你剛剛說什麼？巧什麼？

巧……巧克力啊。
聽說貓咪不能吃巧克力，吃了就會那個……
對……竟然還有這一招，我們的身體不能消化巧克力，吃了就會造成超嚴重的打擊，甚至會喪命……
確實是好方法，但對同類用這招，實在是有點太狠毒了……

巧克力富含可可鹼跟咖啡因，會刺激我們貓咪的神經系統，身體不容易代謝，所以容易造成中毒現象，至於危害程度就取決於巧克力的濃度。如果想要直接讓他們消失的話，就要用濃一點的黑巧克力唷……
沒……沒有啦！
這樣太過分了！
還是要跟他們打一架？看誰輸誰贏！
打！
真的要嗎？他們看起來很強……
嗯……
不行不行……

用暴力解決事情的話，那不就跟他們一樣了嗎？
我們要想別的方式來解決！

哇……主人好帥……阿瑪好帥！
可愛……
你們不要這麼變態，不可以踰矩！
接下來，阿瑪該怎麼做呢？

隔天。
他們來了……
嗯，別緊張。
嘿嘿嘿……
你們的店還是很熱鬧嘛！
其他人走開！

你們準備好了嗎？
你們這麼快就來了啊……
哈哈哈……
像你們這麼熱門的店！一定要早點來處理的！
那先等等，朕手上有一批客人要的麵包。
轉

你等等。
你還想經營客人啊？
你要知道，你的東西
就是我灰哥的東西！
什麼客人訂製的？
我要……

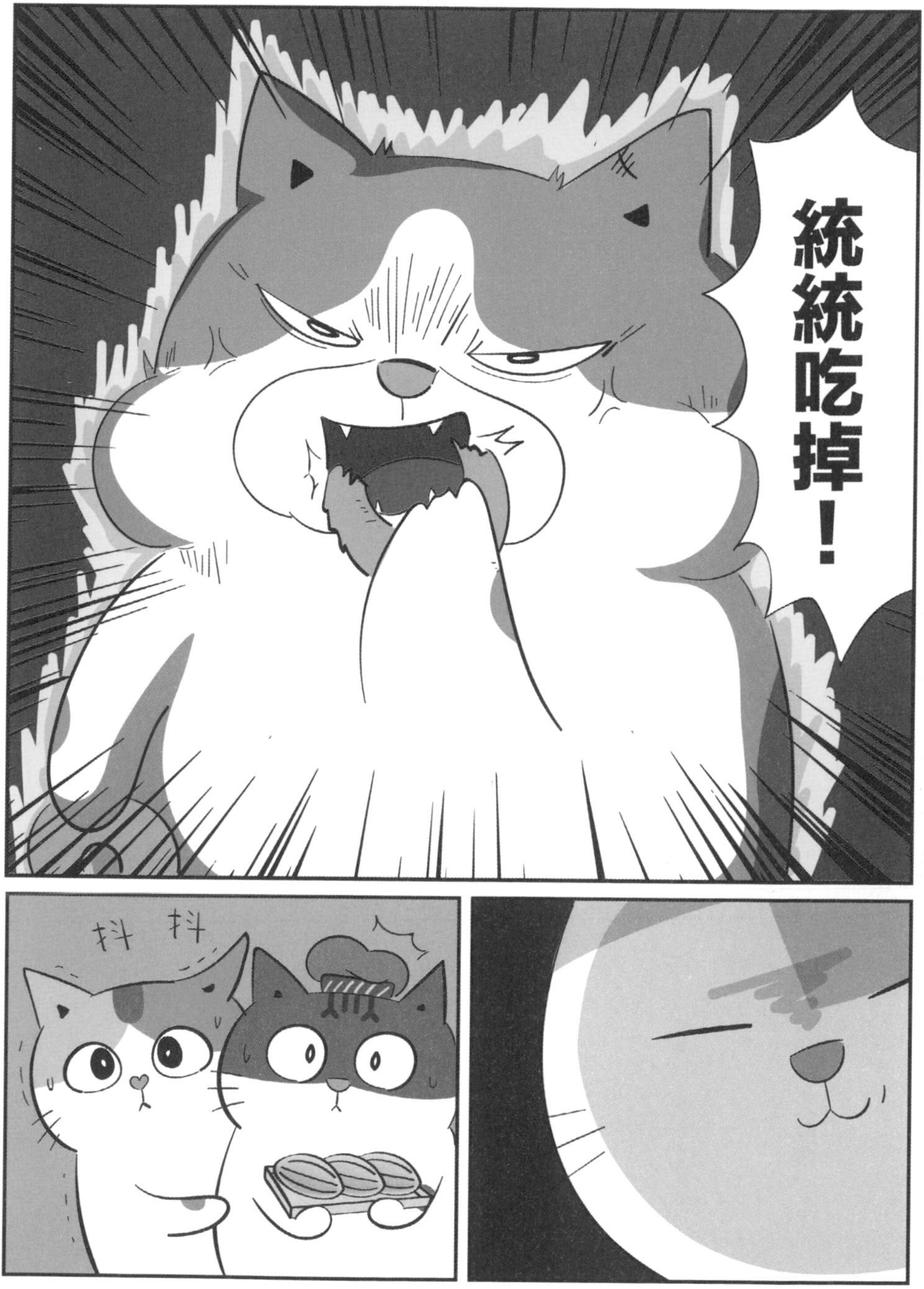
統統吃掉！
抖 抖

嗯？
這味道……
很好吃呢！

啊！被吃掉了……
沒關係。
你們只要等著看就好。
?!
!!

停不下來了！
全部都拿給我！

呵呵呵……
如朕所料……
阿瑪究竟在盤算著什麼呢？

算計

停
嗯？
來了！
嗯？

嘔嘔嘔嘔嘔……
嘔嘔……
嘔嘔嘔嘔嘔！
老大你怎麼了！
咳咳咳咳咳……

嘿嘿嘿……
發揮作用了。
你放了什麼東西？
那麵包是什麼？
咳咳咳咳咳……
那是特製的麵包。
裡面放了……

巧克力！
什麼咳咳咳嘔……
你……你竟然算計我！
咳!咳!咳!咳!
老大！天啊！
巧克力有毒欸……

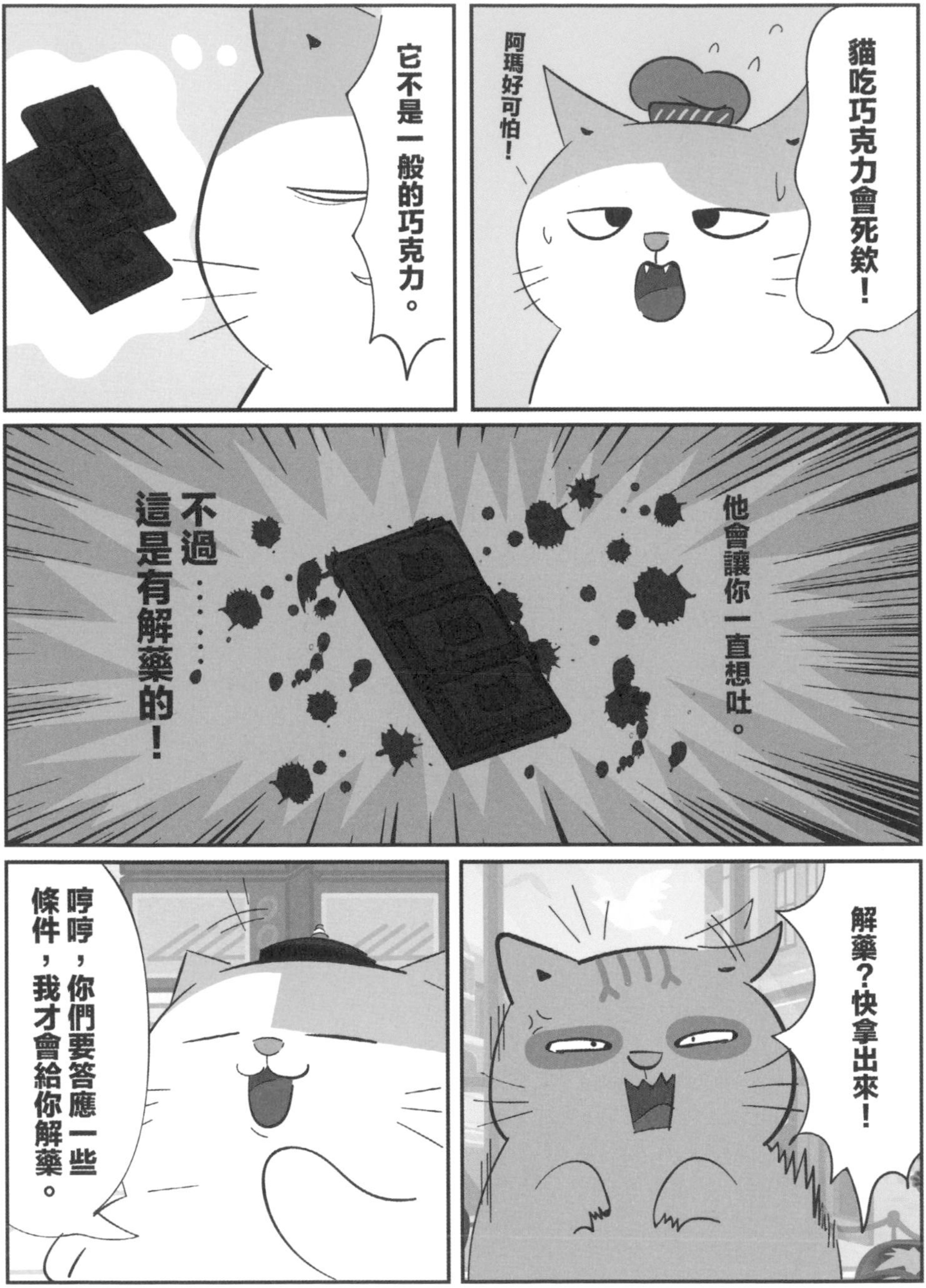
貓吃巧克力會死欸！
阿瑪好可怕！
它不是一般的巧克力。
他會讓你一直想吐。
不過……
這是有解藥的！
解藥？快拿出來！
哼哼，你們要答應一些條件，我才會給你解藥。

老大？要……要嗎？
廢話當然要……嘔，我快死了……咳！
你快說吧！
咳咳咳……
答應我們，絕對不再欺負別人！還要釋放被你欺負的貓咪們！
然後還要離開這城鎮！我們才會給你解藥！
什麼……
嘔嘔嘔……嘔嘔嘔……
阿瑪的計畫能成功嗎？

臣服

幾天前……
阿瑪，你說不要用暴力，那要用什麼方式……
他們看起來不好說話……
上次不是有說到巧克力？
吃了會死掉的那個東西。
對啊，巧克力！
你真的要用那個嗎？那吃到真的會出事欸！

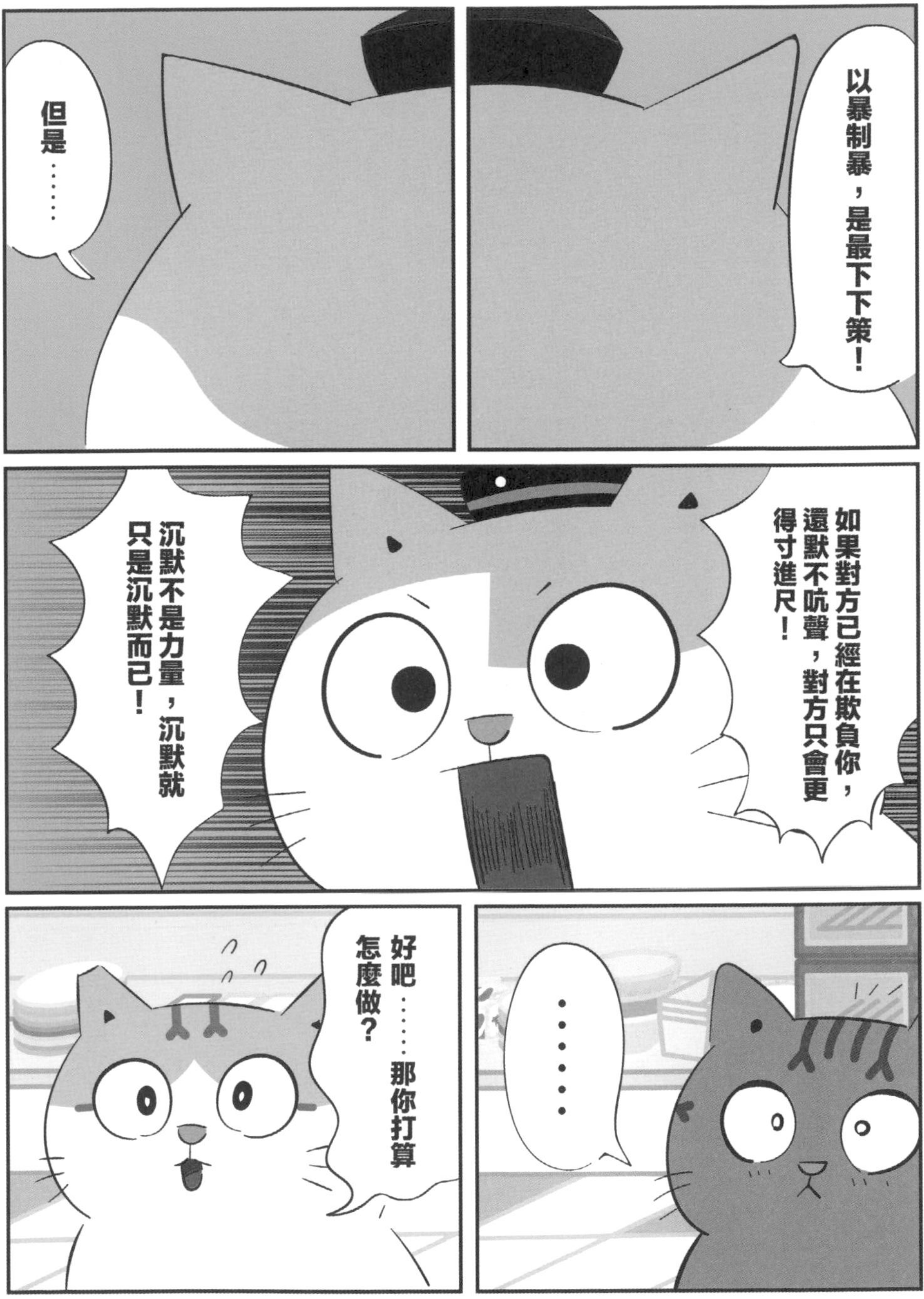
以暴制暴，是最下下策！
但是……
如果對方已經在欺負你，還默不吭聲，對方只會更得寸進尺！
沉默不是力量，沉默就只是沉默而已！
……
好吧……那你打算怎麼做？

朕要做出……
巧克力非巧克力
有巧克力的效果……
但又不是巧克力的東西！
!!
這樣不會害死他，
卻可以嚇到他們！

巧非巧……
像巧克力卻又不是
巧克力？
感覺滿難的……
要怎麼做啊？
你看這個……
平常有吃過這個吧？
哦哦哦……
吃過啊！
只要把它們混在
一起……
哦哦哦哦哦哦！
喔喔喔喔喔！

回到現在……
呼……
如何？要答應我們的條件嗎？
再不吃藥，你的身體……
好……我答應……我會釋放貓咪……咳！也會離開這……咳……
快……把解藥給我……

沒問題，給你吧，已經準備好了。
解……解藥……
是……藥水？
要記得我們的約定喔！
嗯……

咳咳……
呵呵……
我吃完藥就好了啊！
你以為我會那麼笨嗎？
呵呵……
真天真……
怎樣咳！
你笑什麼？
咳咳……
你還在咳，對吧？因為
這個巧克力毒性很強，
你吃了，就得終身跟我
拿藥，因為這是……
治不好的
慢性病！

幾週後……

哦！
你來啦！
來，這是這週的藥。

好啦，下週再見！
好忙
好忙
嗯。
……
他到現在都還沒發現……
對啊……

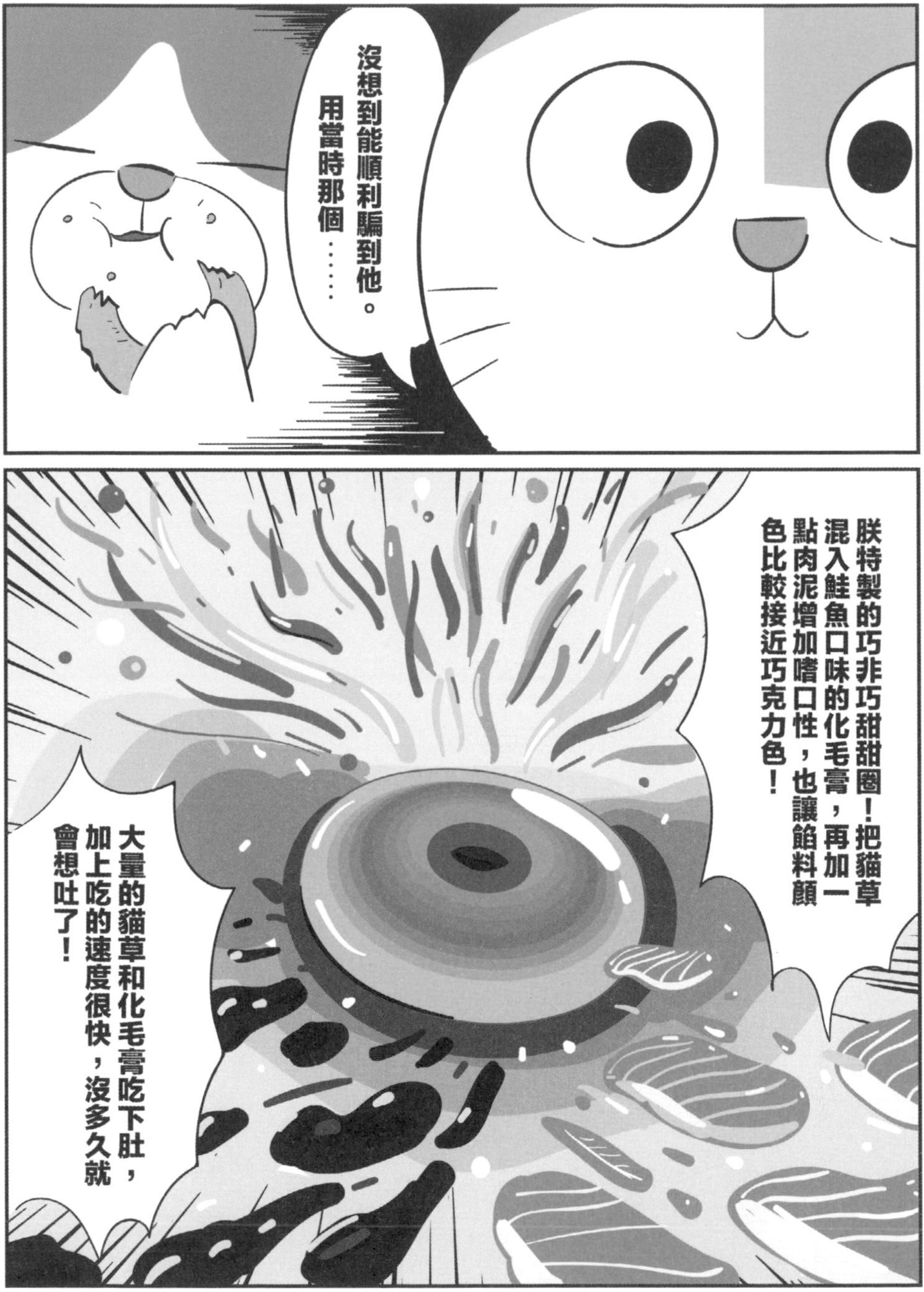
沒想到能順利騙到他。
用當時那個……
朕特製的巧非巧甜甜圈！把貓草混入鮭魚口味的化毛膏，再加一點肉泥增加嗜口性，也讓餡料顏色比較接近巧克力色！
大量的貓草和化毛膏吃下肚，加上吃的速度很快，沒多久就會想吐了！

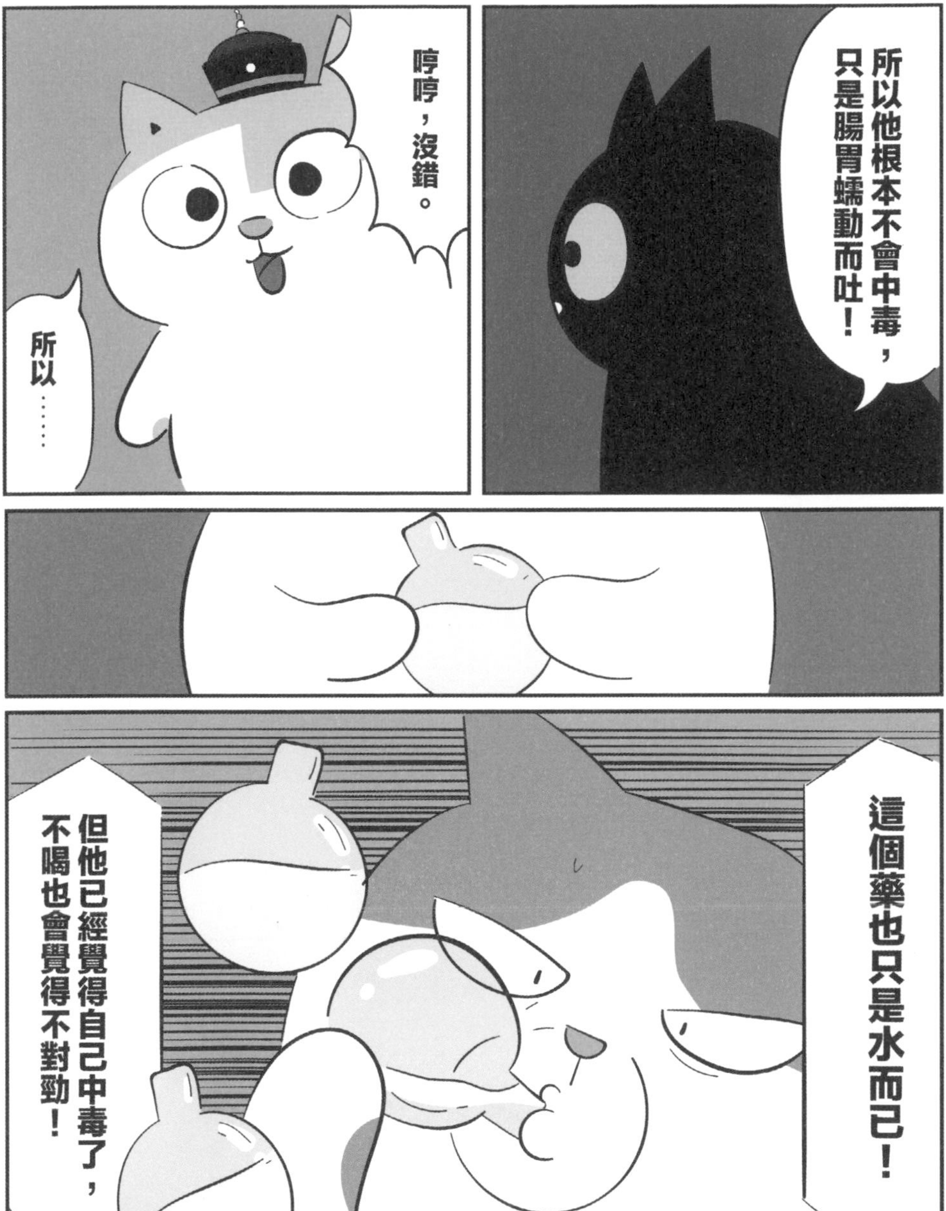
所以他根本不會中毒，
只是腸胃蠕動而吐！
哼哼，沒錯。
所以……
這個藥也只是水而已！
但他已經覺得自己中毒了，
不喝也會覺得不對勁！

太猛了……
這是心理戰！
搞不好用揍的比較快……
（不可以）
對啊，誰教他以前在這一直欺負大家，這是他的報應！
世上是有現世報的！
阿瑪快來幫忙！不要一直聊天！
哦哦好！

來了來了！造型麵包出爐囉！
度過這次難關後，大家更有向心力了！
阿瑪的甜點店，正在往更好的階段邁進。
你好，歡迎光臨！

結語

狸貓

貓咪超有事也來到了第三集了，仔細想想，用這種方式記錄貓咪們的生活，真的是一件非常開心的事情。這次生活系列的章節中，我個人印象最深刻的就是踩到三腳尾巴的那集了，那天我真的超怕她尾巴被我踩斷了，當下趕緊檢查她的狀態，還好我只是輕輕碰到，所以功能一切正常，還可以正常甩尾！

說到本次的特別篇〈貓貓美食救援計畫〉，當時就想以比「貓咪超有事2」的特別篇稍短一些的篇幅，描寫一個簡單好懂的奇幻故事。一群貓貓有個創業夢想，但沿路上遇到壞人，大家一起同心協力，用適合的方式抵抗他們，並且傳達「沉默是沒有力量的，有事情就要說出來！」的主旨。總之希望大家喜歡這次簡單的特別篇喔，嗯？明年要畫什麼？不知道欸，嗯……我先去放空休息一下，有空再好好思考想要畫什麼吧，謝謝大家支持囉！

志銘

如果文字是記憶的身體骨幹，那麼圖畫就是能讓記憶更為豐盈具體的羽毛翅膀。用圖說故事，一直以來都是我最不擅長的事，有時候有滿腦子的靈感，只能用文字簡易描述，但總覺得少了點什麼，還好狸貓很會畫畫，總能把我們想說的忠實畫出來，也讓許多現實中不可能的幻想故事，在紙上變成了真實的存在。

這麼多年過去，後宮的漫畫角色好像也經歷了一段漫長的轉變，從大家認不清楚誰是誰，到現在，每個角色似乎也都能擁有自己的靈魂了。

隨著貓咪們漸漸都邁入高齡，在插畫裡的世界，他們卻好像都能夠永遠不老、永遠意氣風發，這也許是我們在最初創作插畫時，就一直想要達到的美好吧！

希望看完本書的你，能從我們與後宮們的日常裡，獲得滿滿的療癒，就算遇到任何不如意的事情，也都要像後宮貓咪們一樣，一直有源源不絕的能量唷！

黃阿瑪的後宮生活 Fumeancats 貓咪超有事 3

貓貓美食救援計畫

作　　者／黃阿瑪；志銘與狸貓
攝　　影／志銘與狸貓
封面設計／米花映像
內頁設計／米花映像
總 編 輯／賈俊國
副總編輯／蘇士尹
編　　輯／高懿萩
行銷企畫／張莉滎・蕭羽猜・黃欣

發 行 人／何飛鵬
出　　版／布克文化出版事業部
台北市南港區昆陽街 16 號 4 樓
電話：(02)2500-7008 傳真：(02)2502-7676
Email：sbooker.service@cite.com.tw
發　　行／英屬蓋曼群島商家庭傳媒股份有限公司城邦分公司
台北市南港區昆陽街 16 號 8 樓
書虫客服服務專線：(02)2500-7718；2500-7719
24 小時傳真專線：(02)2500-1990；2500-1991
劃撥帳號：19863813；戶名：書虫股份有限公司
讀者服務信箱：service@readingclub.com.tw

香港發行所／城邦（香港）出版集團有限公司
香港九龍土瓜灣土瓜灣道 86 號順聯工業大廈 6 樓 A 室
電話：+852-2508-6231　　傳真：+852-2578-9337
Email：hkcite@biznetvigator.com
馬新發行所／城邦（馬新）出版集團 Cité (M) Sdn. Bhd.
41, Jalan Radin Anum, Bandar Baru Sri Petaling,
57000 Kuala Lumpur, Malaysia
電話：+603- 9057-8822　　傳真：+603- 9057-6622
Email：cite@cite.com.my

印　　刷／卡樂彩色製版印刷有限公司
初　　版／ 2023 年 01 月
初版 27 刷／ 2024 年 06 月
定　　價／ 330 元
ISBN 978-626-7256-31-2
EISBN 978-626-7256-32-9(EPUB)

城邦讀書花園 www.cite.com.tw　布克文化 WWW.SBOOKER.COM.TW